U0185883

短视频

策划、拍摄与后期制作

全流程详解

Premiere+
After Effects

一白 编著

机械工业出版社
China Machine Press

图书在版编目（CIP）数据

短视频策划、拍摄与后期制作全流程详解：Premiere+After Effects ／ 一白编著. —北京：机械工业出版社，2021.1

ISBN 978-7-111-67115-2

Ⅰ．①短… Ⅱ．①一… Ⅲ．①视频编辑软件②图像处理软件 Ⅳ．① TN94 ② TP391.413

中国版本图书馆 CIP 数据核字（2020）第 259317 号

本书对短视频策划、拍摄与后期制作的全流程进行详解，教你"从 0 到 1"打造高品质的短视频作品。

全书共 9 章。第 1 章主要讲解短视频的概念、分类、盈利模式等基础知识，并介绍当前主流的短视频平台。第 2 章讲解如何快速上手制作一段短视频。第 3 章和第 4 章分别讲解短视频的策划方法和拍摄技法。第 5 ～ 7 章讲解如何使用专业视频编辑软件 Premiere 完成短视频的剪辑、字幕与音频的添加、转场与特效的应用等后期制作工作。第 8 章讲解如何运用专业视频特效合成软件 After Effects 为短视频制作片头。第 9 章讲解如何综合运用 After Effects 和 Premiere，合成与输出完整的短视频作品。

本书内容结构清晰，语言通俗易懂，讲解图文并茂，适合短视频创作者、想进行短视频营销的人员、关注短视频风口的创业者等人士阅读，也可供对短视频运营感兴趣的读者参考。

短视频策划、拍摄与后期制作全流程详解（Premiere+After Effects）

出版发行：机械工业出版社（北京市西城区百万庄大街 22 号　邮政编码：100037）	
责任编辑：陈佳媛	责任校对：庄　瑜
印　　刷：北京天颖印刷有限公司	版　　次：2021 年 2 月第 1 版第 1 次印刷
开　　本：170mm×242mm　1/16	印　　张：14
书　　号：ISBN 978-7-111-67115-2	定　　价：79.80 元
客服电话：(010) 88361066　88379833　68326294	投稿热线：(010) 88379604
华章网站：www.hzbook.com	读者信箱：hzit@hzbook.com

PREFACE

随着移动互联网和智能手机的大范围普及，短视频在各类媒体平台和社交平台的内容占比越来越大，用户对短视频的欣赏水平也在不断提高，竞争愈发激烈。本书对短视频策划、拍摄与后期制作的全流程进行详解，教你"从 0 到 1"打造高品质的短视频作品。

◎ 内容安排

全书共 9 章。第 1 章主要讲解短视频的概念、分类、盈利模式等基础知识，并介绍当前主流的短视频平台。第 2 章讲解如何快速上手制作一段短视频。第 3 章和第 4 章分别讲解短视频的策划方法和拍摄技法。第 5 ～ 7 章讲解如何使用专业视频编辑软件 Premiere 完成短视频的剪辑、字幕与音频的添加、转场与特效的应用等后期制作工作。第 8 章讲解如何运用专业视频特效合成软件 After Effects 为短视频制作片头。第 9 章讲解如何综合运用 After Effects 和 Premiere，合成与输出完整的短视频作品。

◎ 编写特色

★ 知识全面，内容丰富。本书全面剖析了短视频的制作流程，初学者通过阅读本书即可完整掌握短视频策划、拍摄与后期制作的理论和技法。

★ 实用操作，一学就会。本书在编写时特别注重内容的实操性，结合实际案例讲解每一个关键知识点，操作步骤以直观的截图和标注进行展示，一看就懂，一学就会。

◎ 读者对象

本书内容结构清晰，语言通俗易懂，讲解图文并茂，适合短视频创作者、想进行短视频营销的人员、关注短视频风口的创业者等人士阅读，也可供对短视频运营感兴趣的读者参考。

由于编者水平有限，书中难免有不足之处，恳请广大读者批评指正。读者除了可扫描二维码关注公众号获取资讯以外，也可加入 QQ 群 736148470 与我们交流。

编者

2020 年 12 月

目录
CONTENTS

第3章 做好策划才有好作品

第4章 短视频拍摄的实用技巧

第5章 短视频的剪辑

第6章　字幕与音频的添加

第7章　视频转场与特效

第8章　制作创意视频片头

第9章　合成与输出短视频

第1章

短视频

—— 移动互联网时代的新风口

我们在智能手机上浏览各种社交软件及其他的一些应用程序时，都会遇到短视频。那么，什么是短视频？短视频如何分类？短视频的盈利模式又是怎么样的？在本章中会一一为大家讲解。

1.1　什么是短视频

短视频是指在各种新媒体平台上播放的、适合在移动状态和短时休闲状态下观看的、高频推送的视频内容。短视频的时间一般为几秒至几分钟，由于内容较短，短视频既可以单独成片，也可以成为系统栏目。短视频的内容涉及技能分享、幽默搞怪、时尚潮流、社会热点、街头采访、公益教育、广告创意、商业定制等主题，下图所示为不同内容的短视频。

不同于长视频，短视频的制作并不需要特定的表达形式，也没有团队配置要求，因此具有生产流程简单、制作门槛低、参与性强、内容充实紧凑等特点。移动互联网时代，短视频不仅占据了用户的碎片时间，满足了用户的娱乐需求，而且为加快内容生产者的商业变现提供了良好的契机。

1.2　短视频的分类与特点

短视频作为一种依托社交平台传播的内容，不仅能够拉近线上与线下的距离，而且内容更加垂直细分，因而受到了互联网巨头及各类媒体平台的关注。短视频按照其内容风格可以分为短纪录片、情景短剧、技能干货、网红IP、街头人物采访、搞笑等几大类。

◆ **短纪录片**　短纪录片类短视频是一种以真实生活为创作素材，以真人真事为表现对象，并对其进行艺术加工，以展现真实为本质，用真实引发人们思考的艺术表现形式。

◆ **情景短剧**。情景短剧类短视频通常从普通人的日常生活中取材，并以夸张和幽默的方式表现出来，内容较接地气，容易引起受众的共鸣，因而传播范围较广。但这类短视频对剧本、服装、化妆、道具等都有一定要求，因而其制作成本较高。

◆ **技能干货**。技能干货类短视频通常以生活或工作中的小技巧为切入点，而且针对不同的人群有不同的话题。技能干货类短视频的剪辑风格大多清新且节奏明快，通常一个技能可以在两分钟内讲清楚。如右图所示的技能干货类短视频，内容就是教用户如何操作手持切割机。

◆ **街头采访**。街头采访类短视频是目前短视频中比较热门的一个分类，其特点是制作流程简单，话题性强，比较受都市年轻群体的喜爱。街头采访类短视频有两种常见形式：一种是当一个被采访者回答完问题后，提出另一个问题让下一个人回答；另一种是所有被采访者都回答同一个问题。

◆ **网红 IP**。网红 IP 是指网络上知名度较高的人。这类短视频的内容大多以卖货为主。网红本身就具有较高的认知度，拥有庞大的粉丝基数，因此这类短视频具有巨大的商业价值。

◆ **搞笑**。视频创作者多以抖音、快手为平台，借助短视频输出搞笑内容。这类短视频虽然存在一定争议，但是在碎片化传播的今天，也为网民提供了不少娱乐谈资。如右图所示的两段视频就是搞笑类短视频。

1.3　为什么短视频会流行

随着新媒体行业的不断发展，短视频应运而生，也让使用手机观看短视频成为很多人日常生活的一部分。短视频之所以会流行，与它满足用户碎片化需求、能带给用户更好的体验、内容具有较强的趣味性等因素有关。

1.3.1　满足碎片化需求

随着生活和工作节奏的加快，人们的闲暇时间逐渐呈碎片化状态。很多时候，人们因为没有足够多的时间一次性看完一本书或一期综艺节目，而不得不分多个时间段去看，这样不仅降低了效率，其体验也不是很理想。而短视频正好能解决内容太长、观看时间长的问题。短视频的时间一般都只有几分钟，甚至更短，其内容正好符合信息碎片化的特点，所以它能快速流行起来。

如下左图所示为抖音 App 中的短视频拍摄界面，拍摄视频的时长限制为 15 秒或 60 秒；而下右图所示为快手 App 中的短视频拍摄界面，拍摄视频的时长限制为 11 秒或 57 秒。由此可见，短视频类 App 对视频时长都有严格的限制。

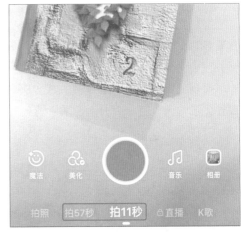

1.3.2　更好的体验

短视频大多是采用 UGC 模式，即用户原创内容，这就使短视频的内容具有多样性，不被固定模式所局限。很多短视频创作者都会从自己身边入手，有别于长视频经过专业团队的不断打磨、精心制作，短视频内容更接地气，更容易引起其他用户的共鸣，带给用户更好的体验。

如下页图所示为快手短视频的"发现"界面，该界面推送了很多短视频，不难看出这些视频大多以贴近生活的内容为题材，能让观众产生很强的代入感，可以调动观众的情绪。

1.3.3　较强的趣味性

　　人们在休闲娱乐时都喜欢浏览一些有趣的内容，而短视频不仅风趣幽默，而且不需要表达太多的思想情感，容易理解，因此人们大多能以放松的心态欣赏，加上它声情并茂的特点，很容易吸引人们的注意力，这也是短视频为什么能快速流行的原因之一。短视频大多含有一些搞笑的成分。如下图所示，这几个短视频都带有幽默搞笑的属性，能博人一笑，成为人们娱乐消遣的方式之一。

1.3.4 更好的传播性

　　短视频本质上属于网络营销，因此它能够迅速地在网络上传播开来。用户在观看短视频的过程中，不但可以点赞、评论，还可以转发。一个内容精彩的短视频必定能激起广大用户的兴趣，并被他们积极转发，从而达到快速传播的效果。例如，在快手、抖音等平台上，一些比较火爆的短视频都是通过大量用户的转发而快速传播的。

　　短视频除了可以通过媒体平台转发实现快速传播外，还可以与微博、微信等社交平台合作，通过流量庞大的新浪微博、微信朋友圈进行分享，进一步扩大传播范围。如下图所示，当用户在快手中看到一个有趣的短视频时，可以通过点击上方的"分享"按钮，将其快速转发到微信朋友圈。

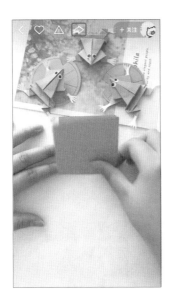

1.3.5 便捷的制作与发布方式

　　与专业化的传统长视频相比，短视频简化了视频内容生产过程中烦琐的工序，并弱化了技术、硬件等要求，大大降低了制作门槛，节约了制作成本，缩短了制作周期。目前，很多短视频应用，如快手、秒拍、美拍等，都提供一键添加滤镜、特效等功能，并且它们还支持作品的一键分享，用户可以随时随地将自己的作品分享到各大短视频平台。

　　打开快手App，点击界面右上角的"拍摄"按钮，进入视频拍摄界面，如下页左图所示；在界面右侧可以设置倒计时、改变视频速度，在下方可以对视频画面进行美化、添加魔法和字幕等，如下页中图所示；点击"魔法"按钮，界面下方会显示相应的魔法特效，如下页右图所示。

　　此外，如果用户想要让视频内容更专业，可以在手机中下载并安装相关的视频编辑类 App，如剪映、快剪辑、Inshot 等。这些视频编辑类 App 大多操作简单，功能齐全，能够满足人们日常视频剪辑的需求，快速制作出酷炫的技术流视频。

　　如下图所示为视频编辑类 App——剪映，其功能比较齐全，包含滤镜、美颜、贴纸、边框等。它最大的特色是有丰富的抖音风视频模板及热门歌曲，用户只需点击主界面下方的"剪同款"，就可以轻松制作出风格类似的短视频。

1.4 短视频的盈利模式

目前，短视频市场已完成前期从流量到变现的积累，短视频创作者当下需要深度思考的问题是基于短视频的内容和交互特点，最大化地挖掘用户价值，找到商业变现模式。短视频主要的盈利模式有广告变现、电商变现和用户付费3种。

1.4.1 广告变现

广告变现是当前短视频的主要盈利模式。短视频凭借其流量优质、受众年轻、表现方式多样等特点，更容易受到广告主青睐。当前短视频在广告变现上主要有植入广告、信息流广告和贴片广告3种形式。

◆ 植入广告。植入广告是指将广告信息和短视频内容结合，通过品牌露出、剧情植入、口播等方式传递广告主诉求，一般分为台词植入、道具植入、场景植入和奖品植入4种。植入广告效果较好，但对内容和品牌的契合度要求较高，下图所示即为植入广告的短视频。

◆ 信息流广告。信息流广告是指出现在短视频平台推荐列表中的广告，是短视频主要的盈利模式之一。简单来说，信息流广告是嵌在信息与信息之间的广告，如果不留意它周边的推广、广告等字样，甚至不会发现它是一条广告。

如下页左图所示是抖音推荐的短视频，如果忽略视频下方的广告文字及"查看详情"按钮，很难看出这是某个儿童教育机构所发布的广告。在短视频播放过程中，如果点击下方的"查看详情"按钮，即可跳转到详情界面，看到更详细的广告内容，如下页右图所示。

◆ **贴片广告**。贴片广告包括平台贴片广告和内容方贴片广告两种。平台贴片广告通常表现为前置贴片，在视频播放前以不可跳过的独立广告形式出现。内容方贴片广告通常为后置贴片，即在短视频内容结束后追加一定时间的广告内容。

1.4.2　电商变现

随着用户消费习惯的变化，视频消费已经成为新一代的消费方式。短视频凭借其生动丰富的信息展示、直接的感官刺激、附着的优质流量以及商品跳转的便捷性，在电商变现的商业模式上占据了得天独厚的优势。当前短视频电商变现模式主要分为两类：一类以个人网红为主，通过自身的影响力为自有网店导流；另一类以专业机构为主，通过内容流量为自营电商平台导流。

短视频电商变现最直接的方式就是通过传统电商平台变现，如淘宝网、京东商城等。在传统电商平台中，内容视频化是必然趋势，用户通过视频能更清楚地了解商品的特点、使用方法等。如右图所示，在手机淘宝直播首页中点击视频时，在打开的界面下方会显示视频中相关商品的链接。

除了传统电商平台，各个短视频平台也都纷纷开通了电商服务，巨大的流量即刻就能转换成购买力。通过"种草"和"拔草"的过程，短视频博主们将自己的人气转换成不断上升的商品销量。如右图所示，在视频中点击下方的购物车就可以进入商品购买界面。

1.4.3　用户付费

除了广告变现和电商变现以外，用户付费也是短视频获得盈利的方式之一。虽然用户付费在短期内不被看好，但是从整个大环境来看，用户的付费意愿必将越来越强。短视频在用户付费上主要有 3 种方式，分别为用户打赏、内容产品付费、平台会员制付费。

◆ 用户打赏。用户打赏是指用户对喜爱的短视频内容通过付费的方式进行支持，在直播中应用较广，在短视频行业应用则较少。通过用户打赏获得收益比较依赖粉丝效应，所以只有在拥有大量忠实粉丝的情况下，才可能获得较大的盈利。如右图所示为抖音直播界面，点击下方的"打赏"按钮，就可以通过充值对主播进行各类打赏。

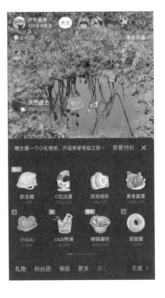

◆ 内容产品付费。内容产品付费是指用户对单个内容进行付费观看，多应用于知识类垂直领域的内容。相比传统的"图片 + 文字"，短视频能够承载更多的内容，所以短视频在知识付费上自然也得到了迅速发展。

如右图所示，在快手找到付费内容广场，可以看到很多需要付费才能观看的视频。点击其中某个视频，就会进入详情界面，用户可以看到视频讲解的内容、需要支付的费用等信息，只有支付了相应的费用才能观看视频内容。

◆ 平台会员制付费。平台会员制付费是指用户向平台定期支付费用，获取平台付费优质内容的收看权限。目前，这种模式在长视频和音频内容平台上应用较广，在短视频领域还处于探索阶段。

1.5　短视频平台简介

经过激烈的市场竞争后，各大短视频平台开始分化。根据其主要功能，短视频平台可以划分为 3 种类型：其一是以今日头条、开眼为代表的短视频推荐平台；其二是以新浪微博、QQ 空间、微信朋友圈为代表的短视频分享平台；其三是以抖音、秒拍、美拍、小咖秀、快手等为代表的短视频综合平台。

1.5.1　短视频推荐平台

短视频推荐平台中最具代表性的有优酷、爱奇艺、今日头条、开眼等视频平台和新闻资讯类平台，它们的主要作用就是对上传到该平台的视频进行推送。短视频推荐平台最大的特点就是平台本身已经积累了大量的用户，用户黏性比较强。

不同的短视频推荐平台选择推荐视频的方式有一定的区别。例如，开眼是通过编辑推荐的方式，从海量的内容库中为用户挑选优质的内容，如下页左图所示；而今日头条采用了更加智能化的视频推荐方式，通过算法分析用户的观看行为习惯，从而为用户推荐其最感兴趣的内容，这种方式能获得更大的流量和曝光率，如下页右图所示。

短视频推荐平台虽然有大量的原始流量且用户质量较高，但是也有一定的局限性，如优质平台对内容的审核要求较高。想要获得这类平台的视频投放，需要经过多个环节的筛选，只有符合条件的短视频才能被推荐到平台上进行播放。短视频推荐平台虽然能给短视频团队提供丰富的资源和福利，但是它无法让短视频进入社交圈，也无法让其突破平台发展的固定模式。

1.5.2 短视频分享平台

短视频分享平台主要用于日常交流，微信朋友圈、QQ空间、新浪微博等都属于这类平台。短视频分享平台主要是供用户娱乐、社交、互动的平台，并非专业的短视频投放平台，但是越来越多的短视频团队选择在这类平台上发布短视频。如下图所示分别为QQ空间、微信朋友圈和新浪微博的界面，在这些界面中就能看到平台推送或个人发布的短视频。

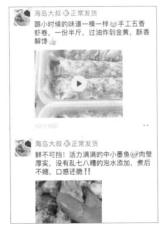

　　短视频分享平台在日常生活中使用频率较高，用户对这些平台的内容关注度较其他平台更高。将短视频发布到这些平台，不仅能够实现信息的快速传播，而且覆盖的用户范围也更为广泛。

　　短视频分享平台与短视频推荐平台最大的区别在于，短视频分享平台一般不会为短视频内容提供流量推荐。当然也有一些特殊情况，如新浪微博，当用户在新浪微博上发布内容后，可以根据需求选择不同程度的推广，如右图所示。

　　在短视频分享平台上发布的大部分视频内容，主要是依靠用户的转发分享来获取点击量的。此外，短视频分享平台具有社交性、互动性强等特点，非常利于短视频创作者形成自己的品牌效应和影响力。当下比较有代表性的短视频创作者大多数都通过原创短视频在新浪微博上收获了大量粉丝。

1.5.3　短视频综合平台

　　短视频推荐平台和短视频分享平台主要是起到"搬运工"的作用，这两类平台都不支持短视频的制作。而短视频综合平台除了具有这两类短视频平台内容传播分享和社交的功能外，还支持短视频的制作。用户在这类平台上既是内容的生产者，也是内容的观看者。常见的短视频综合平台有抖音、美拍、秒拍、快手、小咖秀等，如下图所示。

在短视频综合平台上，用户不但可以浏览他人的短视频并进行互动转发，还可以利用平台提供的工具进行简单的视频制作，这也是短视频综合平台每天都会有大量的短视频内容产出的原因。据不完全统计，秒拍每日视频上传量超过 150 万条。

短视频综合平台的内容只有短视频这一种形式，导致用户对这类平台的黏性不高。除此之外，短视频综合平台上视频产出量大，因而内容同质化现象比较严重。例如，在抖音上搜索"萌宠"，可搜索出大量相似的视频，如下图所示。

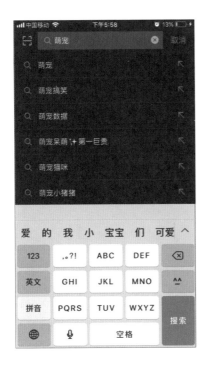

第2章

我的第一个短视频

　　拍摄的视频素材通常需要使用视频编辑软件做适当的后期处理，才能上传到短视频平台。视频编辑软件种类很多，既有面向专业用户的 Premiere Pro、After Effects，也有面向大众用户的爱剪辑、会声会影等，许多短视频平台的手机 App 还提供"傻瓜式"的后期处理功能。本章将分别使用具有代表性的抖音和爱剪辑来快速制作一个短视频作品。

80%

2.1 使用抖音快速制作一个短视频

抖音是当下非常热门的一个短视频平台，使用抖音不但可以随时随地拍摄自己的短视频作品，还能对拍摄的视频进行剪辑、添加音频及流行特效等。下面就用抖音制作一个短视频作品。

2.1.1 应用滤镜

视频画面的色调是影响视频观看体验的一个重要因素，抖音的滤镜就是用于调整视频画面色调的预设模板。滤镜的使用也很简单，在拍摄视频时，在界面中选择想要应用的滤镜即可。

进入抖音 App 首页，然后点击屏幕下方的 + 按钮，如下左图所示；进入视频拍摄界面，点击右侧的"滤镜"，如下右图所示。

然后界面下方便会显示多种滤镜供大家选择。这里拍摄的是风景，因此点击"风景"选项,然后点击下方的"海棠"滤镜，拖动滑块，设置滤镜强度，如右图所示。

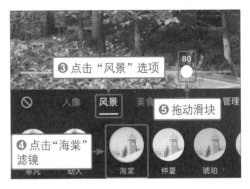

2.1.2 设置视频的快/慢效果

经常刷抖音的小伙伴应该都知道，抖音中的短视频可以进行慢速度播放，达到慢镜头的效果。下面介绍如何在拍摄视频时，设置视频的快／慢效果。

在视频拍摄界面中点击右侧的"快慢速"，如下页左图所示；打开速度设置列表，其中有 5 个速度选项，分别是"极慢""慢""标准""快""极快"，默认为"标准"，点击"慢"选项，如下右图所示，以慢速度播放视频。

除了可以更改拍摄视频的播放速度，还可以在上传视频时对播放速度进行设置。上传视频前点击界面下方的"快慢速"，如下左图所示；在打开的速度设置列表中选择速度，如点击"慢"选项，如下右图所示。

2.1.3 拍摄分段视频

分段拍摄是抖音拍摄的基本技巧，熟练掌握该技巧才能拍出各种炫酷的视频效果。分段拍摄不但能让用户体验从不同角度拍摄的乐趣，还可以增加视频的精彩度。下面介绍如何在抖音中分段拍摄视频。

打开抖音 App 并进入视频拍摄界面，点击界面下方的红色"录制"按钮，即可开始第一段视频的录制操作，如下左图所示；当需要停止录制时，再次点击下方的"录制"按钮，如下右图所示。

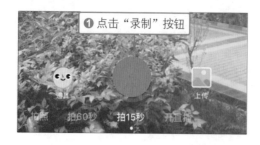

录制好第一段视频后，在视频拍摄界面上方会显示一个黄色进度条。接下来切换场景，录制第二段视频，再次点击界面下方的红色"录制"按钮，开始录制，如下左图所示；录制完第二段视频后，点击右侧的红色"确认"按钮，如下右图所示。如需录制更多分段的视频，就继续点击红色"录制"按钮，每点击一次可以录制一段视频。如果对录制的视频不满意，可以点击"删除"按钮，删除录制的视频。

2.1.4 选择合适的音乐

完成视频的拍摄后，需要根据内容风格搭配合适的音乐，以提升用户的观看体验。抖音提供了"选配乐"功能，可为拍摄的视频去除原音、添加背景音乐等。

步骤01 点击"选配乐"，显示推荐音乐。在视频制作界面中，点击下方的"选配乐"，如下左图所示；此时会在界面下方显示推荐的音乐，如果不想使用这些音乐，就点击"更多"选项，如下右图所示。

步骤 02 选择并使用音乐。打开"选择音乐"界面，滑动界面，找到并点击"热歌榜"，如下左图所示；在打开的"热歌榜"界面中会显示当前比较热门的音乐，点击可播放音乐，如果要应用该音乐，点击音乐右侧的"使用"按钮，如下右图所示。

步骤 03 设置原声和配乐音量。再次点击界面下方的"选配乐"，如下左图所示；然后点击"音量"按钮，将"原声"滑块拖动到最左边，去除视频的原声，将"配乐"滑块向右拖动到70的位置，提高配乐的音量，如下右图所示。设置后点击上方的视频区域，完成视频音效的设置。

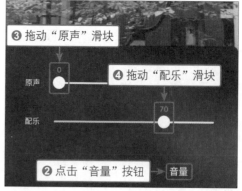

2.1.5 应用视频特效

视频特效与前面介绍的滤镜不同，滤镜大多用于改变视频画面的色调，而应用特效可以创建出动感的画面，还能实现转场和分屏效果。抖音提供了很多视频特效，如梦幻特效、自然特效、动感特效等。

点击视频拍摄界面下方的"特效"，如下页左图所示，进入特效编辑界面。由于要在整个视频中应用特效，先将上方的滑块拖动到视频开始的位置，然后按住"爱心泡泡"特效，直到视频播放完毕，如下页右图所示。此时松开手指，即可应用特效。

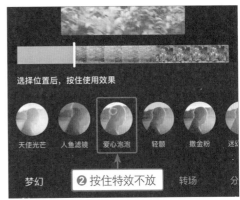

点击"分屏"按钮,将视频播放滑块移到第二段视频的开始位置,按住"模糊分屏"特效不放,在第二段视频中应用分屏特效,如下左图所示;点击界面右上角的"保存"按钮,保存设置的特效,如下右图所示。

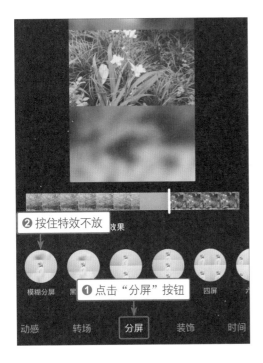

2.1.6　添加文字

为了让视频给观众带来更好的观感,抖音中的很多视频作品都会在画面中加入一些简单的文字。下面介绍如何利用抖音自带的文字功能,快速为视频添加文字。

在视频拍摄界面中,点击下方的"文字",如下页左图所示;然后点击"现代",设置文字样式,点击白色色块,设置文字颜色,设置后利用弹出的键盘输入文字"三月,你好!",如下页右图所示。

为了突出文字，接下来为文字添加底纹。点击"文字"图标，然后点击下方的色块，更改背景颜色，点击右上角的"完成"按钮，完成文字的添加，如下左图所示；返回视频拍摄界面，按住文字不放，拖动到合适的位置，如下右图所示。

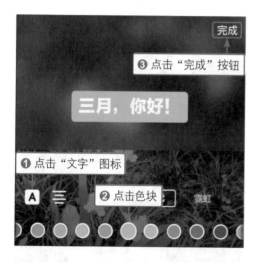

2.2 使用爱剪辑快速制作一个短视频

爱剪辑是一款运行于 Windows 操作系统下的视频编辑软件。其主要针对初学者，友好的界面设计能使用户轻松上手，用户通过一些简单的操作就能方便、快捷地完成视频的剪辑合成。此外，爱剪辑还提供了大量的创意特效资源，应用这些资源可以让视频作品更具吸引力。

2.2.1 导入视频与音频

使用爱剪辑编辑视频时，需要先创建一个新项目，并将项目中需要使用的视频、音频素材分别导入视频和音频列表。爱剪辑支持在导入视频或音频素材时先对素材进行剪辑，也可以在导入完整的视频或音频素材后再对其进行剪辑。

步骤 01 创建一个新制作。双击"爱剪辑"图标，打开爱剪辑，如下图所示；单击视频预览框下方的"创建新制作"按钮，如右图所示。

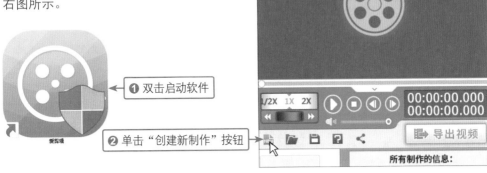

步骤 02 设置新建视频的大小。打开"新建"对话框，在对话框中单击"视频大小"下拉列表框右侧的下拉按钮，在展开的列表中选择"1920×1080（1080P）"选项，单击"确定"按钮，如下图所示。

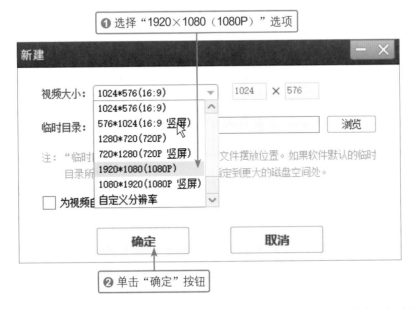

步骤 03 选择并添加视频素材。单击"视频"选项卡中视频列表下方的"添加视频"按钮，如下页左图所示；打开"请选择视频"对话框，在对话框中选择要添加的视频素材，单击"打开"按钮，如下页右图所示。

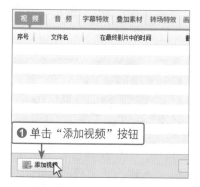

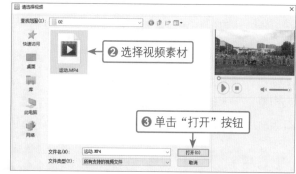

步骤 04 **导入视频素材并消除原声。**弹出"预览 / 截取"对话框，这里需要添加整段视频素材，直接单击"确定"按钮。在"裁剪原片"下单击"使用音轨"下拉列表框右侧的下拉按钮，在展开的列表中选择"消除原片声音"选项，如右图所示。

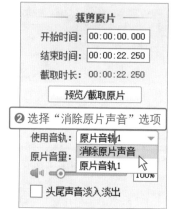

步骤 05 **选择要添加的背景音乐。**添加视频后，单击"音频"标签，展开"音频"选项卡，单击"添加音频"按钮，在展开的列表中选择"添加背景音乐"选项，如下左图所示；打开"请选择一个背景音乐"对话框，在对话框中选择要添加的音频素材，单击"打开"按钮，如下右图所示。

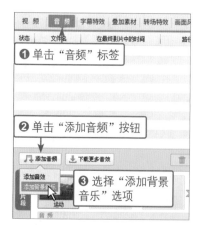

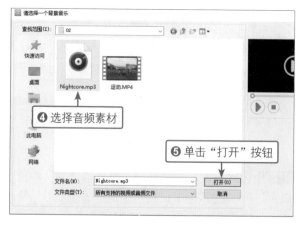

步骤 06 截取音频素材。打开"预览 / 截取"对话框，单击"播放"按钮，播放音频素材，当播放到 00:00:09.000 时，单击"开始时间"右侧的  按钮，将当前时间点设为音频的开始时间，如下左图所示；然后在"结束时间"文本框中输入 00:00:31.250，设置截取音频的结束时间，如下中图所示；单击"确定"按钮，在"音频音量"下设置音量为 100%，勾选"头尾声音淡入淡出"复选框，单击"确认修改"按钮，添加并确认修改音频效果，如下右图所示。

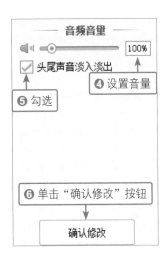

2.2.2 剪辑拆分视频素材

通过剪辑视频可以让视频呈现最精彩的部分。爱剪辑提供了快速剪辑视频的功能——超级剪刀手。超级剪刀手能快速将一段视频裁剪成任意数量的片段。对于需要对同一个视频进行多次剪辑的用户来说，超级剪刀手是一个十分好用的工具，可以有效避免反复导入视频或设置片段时间的麻烦。

步骤 01 用超级剪刀手分割视频素材。在视频预览框中，单击时间进度条上要分割视频的时间点，然后单击时间进度条下方的倒三角形按钮，或者按快捷键 Ctrl+E，如下左图所示；打开"时间轴"面板，单击"超级剪刀手"图标，从当前时间点分割视频，如下右图所示。

步骤 02 **分割并选择视频片段。** 在"已添加片段"列表中可以看到将添加的视频素材分割为了两段，如下左图所示；如果要对第一段视频做慢放效果，则双击视频，如下右图所示。

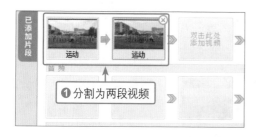

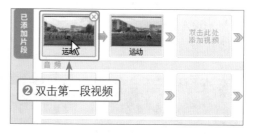

步骤 03 **设置慢动作效果。** 打开"预览 / 截取"对话框，单击"魔术功能"标签，展开"魔术功能"选项卡，单击"对视频施加的功能"下拉列表框右侧的下拉按钮，在展开的列表中选择"慢动作效果"选项，如下左图所示；然后在"减速速率"文本框中输入数值 1.30，单击"确定"按钮，如下右图所示。

步骤 04 **用超级剪刀手再次分割视频素材。** 设置慢动作效果后，视频总长度发生了改变，这里要让它保持原有的长度，所以将视频预览框的时间进度条再次拖动到 00:00:12.760 位置，如下左图所示；然后单击视频列表下方的"超级剪刀手"图标，再次分割视频，如下右图所示。

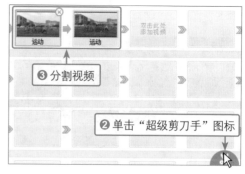

步骤 05 删除视频片段。分割视频后，按Delete键，删除分割出来的第二段视频，效果如右图所示。

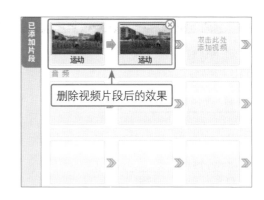

2.2.3　添加逼真字幕特效

字幕特效分为字幕出现时的特效、字幕停留时的特效和字幕消失时的特效 3 种形式。爱剪辑除了提供一些比较常见的字幕特效之外，还提供了沙砾飞舞、火焰喷射、缤纷秋叶等大量各具特色的高级特效。通过应用这些特效，并对"特效参数"进行设置，能够实现更多特色字幕效果。

步骤 01 定位要添加字幕的时间点。在视频列表中选中第二段视频，单击主界面中的"字幕特效"标签，展开"字幕特效"选项卡，如下左图所示；在视频预览框的时间进度条上单击，设置要添加字幕特效的时间点，将视频定位到要添加字幕特效的位置，然后双击视频预览框，如下右图所示。

步骤 02 在"输入文字"对话框中输入字幕文本。打开"输入文字"对话框，在对话框中输入字幕文本，单击"确定"按钮，如下页左图所示；在视频预览框中可看到添加的字幕效果，如下页右图所示。

步骤 03 设置字幕出现和停留的特效。接着为字幕添加特效，可以分别为字幕指定"出现特效""停留特效""消失特效"。首先确保输入的字幕为选中状态，在"出现特效"选项卡中勾选"酷炫动感类"特效组下的"酷炫动感放大"特效，如下左图所示；然后单击"停留特效"标签，展开"停留特效"选项卡，勾选"新奇特效类"特效组下的"水珠滚动效果"特效，如下右图所示。

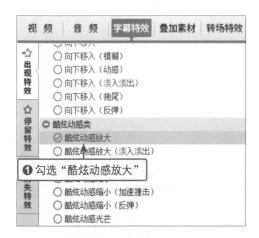

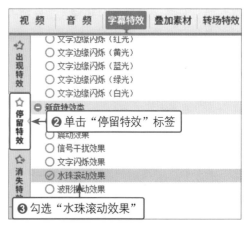

步骤 04 设置字体及样式。单击视频预览框左侧"字体设置"选项卡中"字体"下拉列表框右侧的下拉按钮，在展开的列表中选择"方正大黑简体"，如右图所示；设置"阴影"为5，单击阴影颜色右侧的下拉按钮，在展开的列表中选择阴影颜色，如下页图所示。

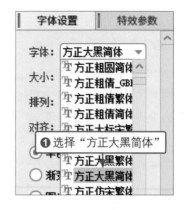

 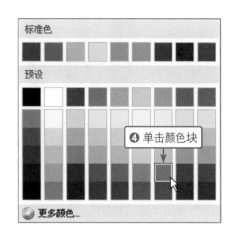

步骤 05 设置字幕特效参数。设置字幕字体、颜色后，在视频预览框中预览设置后的字幕效果，如下左图所示；单击"特效参数"标签，展开"特效参数"选项卡，对字幕的特效时长进行设置，设置"停留时的字幕"的"特效时长"为 4 秒，"消失时的字幕"的"特效时长"为 1 秒，勾选下方的"逐字消失"复选框，更改字幕消失方式，如下右图所示。

2.2.4　设置转场特效

恰到好处的转场特效能够使不同场景之间的视频片段过渡更加自然。爱剪辑提供了数百种极具视觉美感的转场特效，可以让视频呈现更丰富的视觉效果。如果需要在两个视频片段之间添加转场特效，应选中后一段视频，为其应用转场特效。如下页图所示，选中视频列表中的第二段视频。

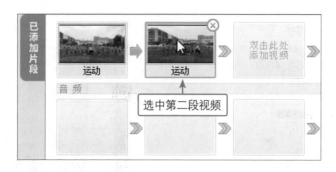

　　单击"转场特效"标签，展开"转场特效"选项卡，单击"3D或专业效果类"特效组中的"涟漪特效"，然后单击"应用 / 修改"按钮，应用选择的转场特效，如下图所示。

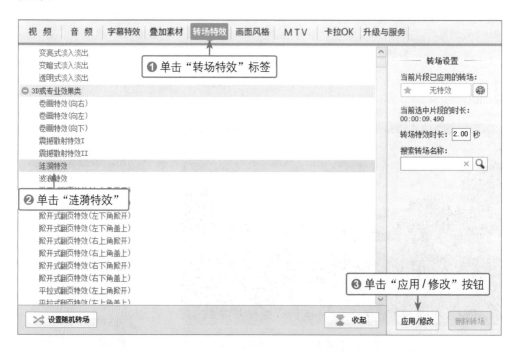

2.2.5　更改画面风格

　　为了让视频更具美感，并拥有独特的视觉效果，可以重新设置其画面风格。使用爱剪辑提供的"画面风格"功能，不但能快速调整视频的颜色、放大或缩小视频，还能为视频应用或梦幻或绚丽的炫光特效、花瓣飘落、羽毛飞舞等动态效果。

步骤01 应用"改善光线"调整画面亮度。单击"画面风格"标签，展开"画面风格"选项卡，单击"画面调整"中的"改善光线"，在"效果设置"中设置"暗部细节"为40,设置"亮部细节"为60,单击"添加风格效果"按钮，在展开的列表中选择"为当前片段添加风格"选项，如下页图所示。

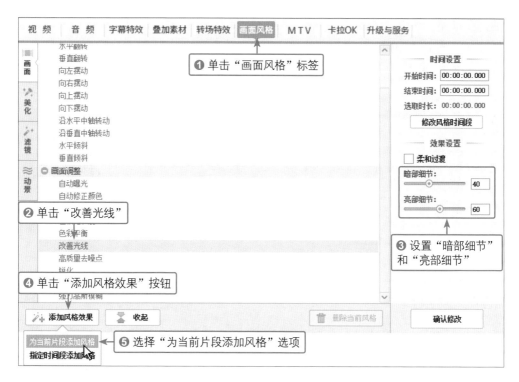

步骤 02 应用"阿宝色"更改画面颜色。单击左侧的"美化"标签,展开"美化"选项卡,单击"人像调色"中的"阿宝色",在"效果设置"中设置"程度"为 50,单击"添加风格效果"按钮,在展开的列表中选择"为当前片段添加风格"选项,如下图所示。

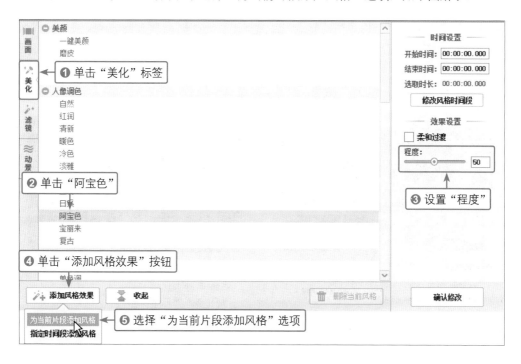

步骤 03 应用"画心"创建动态心形。单击"动景"标签，展开"动景"选项卡，单击"特色动景特效"中的"画心"，单击"添加风格效果"按钮，在展开的列表中选择"指定时间段添加风格"选项，如下图所示。

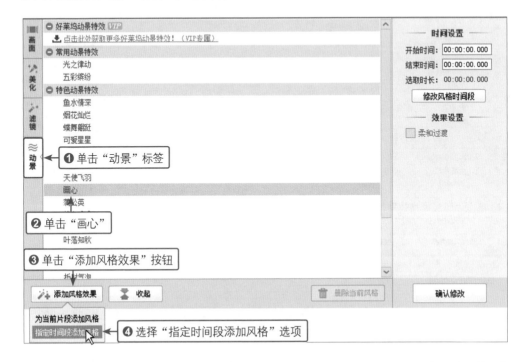

步骤 04 设置动景的开始时间和结束时间。打开"选取风格时间段"对话框，在时间进度条上单击，定位要应用风格的起点，然后单击"开始时间"右侧的 ⏺ 按钮，获取当前时间点，如下左图所示；在时间进度条上再次单击，定位要应用风格的终点，然后单击"结束时间"右侧的 ⏺ 按钮，获取当前时间点，如下右图所示。单击"确定"按钮，在指定时间段中应用"画心"效果。

步骤 05 预览画面效果。播放视频可以看到设置的画面风格，如下左图所示；用相同的方法，对"已添加片段"列表中的第一段视频应用相同的"阿宝色"和"画心"效果，如下右图所示。

2.2.6 为视频添加相框

合适的相框能使视频变得更加精美。爱剪辑也为用户提供了大量精美的相框，在编辑视频的时候，根据需求添加相框即可。

切换至"叠加素材"选项卡，单击"加相框"标签，单击要应用的相框，在"相框设置"下取消"淡入淡出"复选框的勾选状态，单击"添加相框效果"按钮，在展开的列表中选择"指定时间段添加相框"选项，如下图所示。

打开"选取相框时间段"对话框，这里要从视频开始到结束都应用相框，因此直接单击"确定"按钮，如下左图所示；即可看到对整个视频应用相框的效果，如下右图所示。

2.2.7　添加有趣的贴图

在一些短视频作品中经常能见到各种样式的有趣元素，如乌鸦飞过、省略号、大哭、头顶黑气等。通过爱剪辑提供的叠加贴图功能，用户可以在自己的作品中加入这些有趣的元素，并且可以对这些元素应用丰富的动感特效，制作出更具个性的视频。

步骤 01 定位添加贴图的时间点。在视频预览框的时间进度条上单击要添加贴图的时间点，将视频定位到要添加贴图的位置，然后在视频预览框中双击，如右图所示。

步骤 02 选择要应用的贴图图片。打开"选择贴图"对话框，单击对话框中的"添加贴图至列表"按钮，如下页左图所示；打开"请选择贴图图片"对话框，在对话框中选择贴图素材，单击"打开"按钮，如下页右图所示。

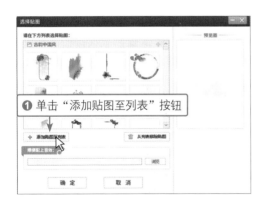

步骤 03 为贴图图片配置音效。返回"选择贴图"对话框,单击"顺便配上音效"下方的"浏览"按钮,如下左图所示;打开"请选择一个音效"对话框,在对话框中选择贴图音效,单击"打开"按钮,如下右图所示。

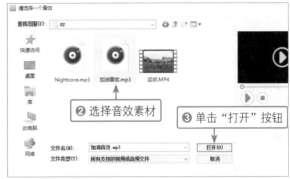

步骤 04 添加并显示贴图。返回"选择贴图"对话框,单击对话框下方的"确定"按钮,如下左图所示;返回主界面,在视频预览框中可看到贴图已处于带方框的可编辑状态,如下右图所示。

步骤 05 调整贴图的大小和位置。将鼠标指针置于贴图编辑框的左下角，当鼠标指针变为双向箭头时，单击并向内侧拖动，缩小贴图，如下左图所示；拖动编辑框中的贴图，将其移到合适的位置，如下右图所示。

❶ 单击并向内侧拖动，缩小贴图

❷ 调整位置

步骤 06 为贴图添加动态效果。在"叠加素材"选项卡中，切换到"加贴图"标签，勾选"常用特效"中的"放大反弹"特效，在"贴图设置"中设置"持续时长"为 2 秒，如下图所示，应用贴图特效。

技巧：修改和删除贴图

　　一个视频中可以添加多个贴图，添加的贴图都会显示在主界面右下角的"所有叠加素材"中。如果要修改已添加的贴图，只需要在该列表中选中要修改的贴图，软件会自动定位到贴图修改处；如果要删除贴图，则在列表中选中贴图，再单击🗑按钮。

第 3 章

做好策划才有好作品

要做出独具特色、与众不同的短视频，视频的拍摄和处理固然很重要，前期的策划也是必不可少的。只有做好缜密的策划，才能有条不紊地创作出好作品。

80%

3.1 短视频内容的必备要素

短视频在人们日常生活中占据了大量的碎片化时间，这让更多的个人和企业加入到短视频制作中。短视频的内容策划与制作有五个必备要素，分别为短视频的定位、标签、垂直性、差异化和稳定性。

3.1.1 短视频的定位

短视频制作的第一步，也是最重要的一步，就是定位。只有定位清晰、准确，才能在制作短视频时做到"有的放矢"，并让后续的发展和推广事半功倍。没有明确的定位就盲目进入短视频领域，无疑是非常不理智的做法。短视频的定位包括内容定位和用户定位两个方面。

◆ **内容定位**。短视频的内容定位就是你的短视频要做什么内容，你想要在短视频里呈现哪个领域或哪个行业的风貌等。内容定位将决定短视频题材的选择方向。短视频内容定位的一个误区就是"什么题材火就做什么"。如果对视频内容没有明确的定位，只是跟着别人走肯定是不行的。短视频的内容策划切忌"从众"，要规避别人都在做，但是你并不擅长也没有任何资源和积累的题材。

在内容选择上，最简单有效的方式就是选择自己最拿手、最有资源的领域，这样在后期的内容策划上才能游刃有余，让你的短视频在选题和资源上都有保障，而不至于只做出一两条视频后就没有内容可做了。如右图所示为某个短视频用户的主页，因为他非常喜欢音乐，所以他的作品都是一些与音乐相关的内容，如歌曲翻唱等。

制作原创短视频并不是一件非常难的事情，只要厘清定位就迈出了制作短视频的第一步。当别人都在扎堆做某类短视频的时候，你要做的不是跟着别人跑，而是寻找自己拥有的内容优势。

如果要持续做短视频，那么视频内容应当尽量专注于一个领域，如美食、美妆等，不要进行大规模的尝试和内容跨界，否则容易出现"什么都做，但什么都做不好"的情况。如右图所示，其中一个用户专注于美食，而另一个用户专注于旅行，这都是比较好的内容定位。

◆ **用户定位**。除了内容定位之外，短视频的用户定位也是很重要的。所谓短视频的用户定位，简单来说就是你要知道自己的视频是拍给谁看的。这个"谁"又包含两层意思：一层是看视频的用户，另一层是潜在的用户。

内容定位和用户定位是相辅相成的，两者之间的关系密不可分。要做好短视频的用户定位，需要从多方面分析、调查，才能有一个清晰的结论，从而制作出有针对性的作品。下图所示为抖音的用户构成，从图中能看出男性和女性用户数量差异不大，男性用户略多于女性用户，大部分用户年龄为 35 岁以下，其中 25 ~ 30 岁用户数量最多。因此，我们在做短视频时，应当针对不同的用户群体来设计短视频的内容，并以更多用户喜欢的内容为主。

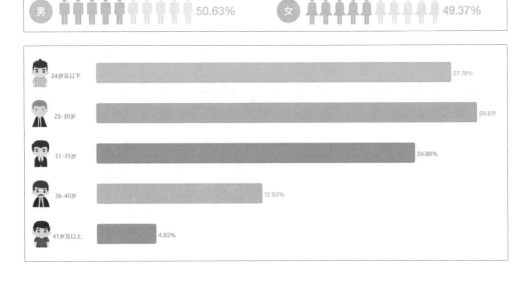

3.1.2　短视频的标签

　　短视频的标签是短视频内容策划与制作的第二个要素。所谓标签，是一个短视频通过抽象、归纳、解析后得到的最有价值、最具代表性的东西，也是用户对这个短视频内容的认识和理解。好的短视频标签个数一般为 6 ～ 8 个，短视频平台一般会根据标签将短视频分发给不同的粉丝群体。在海量的短视频中，标签化的短视频会逐渐形成其品牌，对粉丝产生更大的影响力。短视频的标签分为内容标签和人设标签。

　　◆ **内容标签**。内容标签是指在策划与制作的过程中，给短视频找到一个"点"，并将其固定下来，这个"点"就会成为短视频的一个标签。在后期视频输出的时候，只需不断地强化和突出这个标签，让它成为与短视频内容如影随形的一部分，最后让人看到标签就能自然而然地想到你的短视频。此时，这个标签就成了你的短视频辨识度最高的标志。

　　下图所示为一个抖音用户的"作品"界面，可以看到该用户的作品都是以猫咪为主角，那么猫咪就是这些短视频的一个内容标签。当人们点开这些作品后，可以看到在短视频中还加入了拟人化的台词配音，形成了一个个简单而有趣的小故事，产生了轻松、逗趣、暖心的效果，加深了他们对短视频的印象。

　　◆ **人设标签**。人设标签是指在短视频内容策划与制作中打造出来的一个人物标签。这个人物标签是基于短视频内容定位方向量身策划出来的，它和内容标签的主要区别在于，人设标签能更加立体、形象地展现在用户面前，加深用户对短视频内容的印象。该标签也会成为短视频最容易被辨认的标志。短视频一旦贴上某种标签，就可以慢慢渗透到用户对事物的认知中。

下图所示为某位网络红人的短视频作品，从这些作品可以看出，她给自己打造的人设标签是"隐居于世外桃源、却又无所不能的国风美少女"。在这些作品中，她种菜、干农活、做"古风美食"，呈现了充满诗意的乡村生活，迎合了现代都市人群对田园牧歌的幻想，得到众多粉丝的追捧。

3.1.3　短视频的垂直性

短视频的垂直性是短视频内容策划与制作的第三个因素。所谓垂直性，就是指短视频内容与选择的领域是一致的，并且一个账号应该一直输出同一类内容。假如你今天做搞笑段子，明天做美食，后天又做健身，那么毫无疑问你就是一个没有垂直内容的视频创作者。

例如，在快手中，人们大多比较关注美食类的内容，所以很多用户就会在该平台上发布美食类的短视频。如右图所示，该用户的作品主要是乡村美食，短视频中不仅会展示美食的制作过程，而且会展示乡村风貌、乡间劳作等，画风淳朴，吸引了大量的粉丝。

垂直性短视频大多针对某一个特定的领域，在定位方面，它更加清晰、专注，也蕴含着更大的商机。无论是从广告还是从电商的角度来看，垂直性短视频都因为指向性明确而更容易受到青睐。

假设有一个做美妆类短视频的账号 A，其粉丝数量较多，而另一个专做眼妆类短视频的账号 B，其粉丝数量相对要少一些。如果是普通用户，可能会更喜欢账号 A，但是广告商如果正好要推销眼妆类产品，则会倾向于选择更垂直细分的账号 B 进行合作。这是因为其短视频的垂直性和粉丝的精准度更高，更符合它的产品特性。

3.1.4 短视频的差异化

短视频的差异化是短视频内容策划与制作的第四个要素。现在短视频内容同质化现象十分严重，寻求差异化已成为短视频最终的出路。如果在策划阶段将短视频的差异化做得足够好，可以起到事半功倍的作用。

在短视频的策划阶段要进行摸底调查，了解自己想要做的短视频内容，弄清楚有多少同类型的短视频，它们的切入点、调性都是什么样子的，它们的表现形式与自己想要做的有哪些不同，这些不同是否足以让自己脱颖而出。只有把这些问题都弄清楚之后，才能做下一步的筹划。假如想做一个关于甜品的作品，就可以在相关平台上以"甜品"为关键字进行搜索，查看有多少人在做这一类视频，以及这一类视频的特点、侧重点等，如下图所示。

如果你想做的内容已经有很多人在做，而且有不少人做得非常好，那么就要认真考虑自己是否还要进入，或者认真考虑自己是否有与众不同的切入角度，从而让自己的短视频和已有的短视频区别开来。

只有内容差异化，才能让你的短视频更有个性，让它从诞生之日起就带着与众不同的基因。只有这样，用户才会觉得新鲜、有趣，才会更加关注你的短视频。

3.1.5 短视频的稳定性

短视频内容策划与制作的最后一个要素为短视频的稳定性。内容的稳定性、持续的创造力及足够高的曝光率，这些是短视频制作的必备要素，对短视频制作来说是至关重要的。

◆ **内容的稳定性**。短视频在内容方面要保持题材的连续性、一贯性，要保证你的选题能够相对稳定地持续下去，不能今天做完这个题材，明天就没有了。如下左图所示，该用户的作品都是游戏录屏，通过"游戏录屏＋画外音"的方式呈现，使得其作品具有较强的趣味性；如下中图和下右图所示，通过不断更新短视频，还能带动用户参与其中，让用户不知不觉地继续关注后续发布的作品。

◆ **持续的创造力**。创造力的稳定性对于短视频来说也是非常重要的。从某种程度上讲，短视频作为网生内容，之所以有强大的生命力，就在于它不断地被赋予创造力和想象力。如果短视频创作者进入缺乏创新的阶段，想象力和创造力匮乏，没有持续的创新能力和自我颠覆能力，那么就会陷入疲态，粉丝也会降低期待值甚至离开。

◆ **足够高的曝光率**。在众多短视频创作者推出海量作品的今天，一定要让作品保持稳定的曝光率。如果你只是偶尔制作出一两条还不错的短视频，没有稳定性，那么会出现"雷声大雨点小"的情况，很快就会被人们忘记。

3.2　短视频内容的策划

做好短视频内容的策划能让短视频的制作更有条理，知道应该做什么、从哪里开始着手等。这样制作出来的短视频内容会更加完整，更容易获得用户的青睐。短视频内容的策划可以从短视频内容是否具有一定的趣味性、是否对热点进行了深度挖掘、设定独特的短视频标签及结合已有资源打造生态圈等多个方面考虑。

3.2.1　富有趣味性的内容主题

在这个娱乐的时代，任何产品都离不开趣味这一要素。短视频的出现为内容创作带来了极低的发展门槛，内容的泛滥导致用户越来越渴望看到原创的、极具趣味性的优质短视频。

短视频之所以会火起来，就是因为它非常适合当下人们的快节奏生活，可以让人在有限的碎片化时间里快速浏览整个视频的内容。在有限的时间里，相信大多数用户都是想看到一些富有趣味性的东西。仔细观察在自媒体平台上大红大紫的"网红"，他们的作品除了独具个人特色外，大多也是极具趣味性的，如下图所示。

3.2.2　深度挖掘热点内容

巧妙地借用热点话题，可以帮助短视频快速升温。热点话题要根据短视频的目标用户来选取，只有针对目标用户的热点话题，才能获得更多的关注。例如，80 后比较关注的热点有创业、健康养生等；90 后比较关注的热点有就业、养老服务等。要对热点话题进行深度挖掘，首先需要知道哪些是热点话题。

下面以抖音为例,向大家介绍如何寻找热点话题。点击界面右上角的"搜索"图标,如下左图所示;打开抖音搜索界面,然后点击"热点榜",在下方就能看到排在前几位的热门内容,点击"查看完整热点榜",如下中图所示;则能看到比较完整的抖音热点榜,如下右图所示。

找到热点话题后,就可以对其进行更深入的挖掘。时事、娱乐新闻、时尚美妆等题材一直以来都是短视频内容的热点,关于这些题材的短视频更是数不胜数,但是这些短视频中真正有深刻内涵的却是寥寥无几。绝大多数短视频对热点的呈现仅停留在外在表现上,而没有对其进行深入解读。

在注意力越来越碎片化的当下,用户对内容的深度要求越来越高,内容浅显的短视频不可能吸引用户的关注。只有能深入挖掘热点、带给用户更多启示的短视频才能获得更多关注。

例如,在短视频领域中涉及时尚美妆的内容有很多,但是一个不按套路出牌,用公交卡、马克笔等当作美妆工具的短视频受到了很多年轻人的关注,如右图所示。这个短视频会受到关注的主要原因是它发掘了时尚美妆题材的一个新热点。

 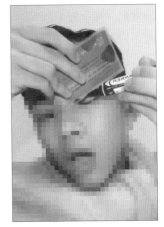

3.2.3　打造独特的短视频标签

随着短视频行业的不断发展，各大平台的短视频作品也是层出不穷。短视频制作新手想在其中谋得一席之地，首先需要积累用户，被用户记住。为了达到这一目的，为短视频内容打造一个独特的标签，无疑是较好的一种方法。

标签化是如今生活中十分常见的一种现象，它对人或物进行了分类，形成了固定的形象，其他用户看到标签时就能想到这个人或物。短视频标签的设定一定要经过深思熟虑，因为一旦确定了就不能随意更改，否则会使用户感到混乱。

短视频标签的设定可以从内容类型、风格主题、领域、适用人群、视频主体、拍摄地点等多个方面考虑。

◆ **内容类型**。内容类型是指视频所属的拍摄方向，如商品的简单展示、场景测评等。

◆ **风格主题**。风格主题是指视频的拍摄风格，如潮流、炫酷、清新、优雅等风格。

◆ **领域**。领域是指视频内容所属的分类，比较常见的有美食、时尚、萌娃、旅行、健身等。

◆ **适用人群**。适用人群是指视频的目标人群或突出受众，不同的视频主题、风格就具有不同的适用人群特征。

◆ **视频主体**。视频主体是指视频拍摄对象，它是演绎视频的主角，可以是某一个人，也可以是某一个物品。

◆ **拍摄地点**。拍摄地点是指视频拍摄的地点，如客厅、工作室、操场等。

标签必须与短视频内容紧密相连，这样用户才能将该标签与内容本身联系起来。标签可分为大标签和小标签。大标签有人们常说的美食、宠物、搞笑等，采用这类标签的短视频也很多，为了提高辨识度，短视频的标签必须要有独特性，这时就要引入垂直细分领域的小标签。比如一段搞笑视频，如果直接用"搞笑"作为标签就不是很合适，因为搞笑视频在各个平台都非常多，如下页图所示。如果这段视频是在办公室拍摄的，那么就可以用"办公室搞笑"作为垂直细分领域的小标签。这样做的好处是当用户最近比较关注办公室或搞笑类的视频时，平台就可能会向其推送你的短视频，从而极大地提高短视频的曝光率。

3.2.4　结合已有资源打造生态圈

随着短视频的不断发展，逐渐形成了各具特色的生态圈。一个生态圈往往以一个有巨大影响力的企业作为主导，联合相关的上下游产业，形成一个互补的圈子。生态圈的建立使短视频的发展更加稳定，有更多的资源来发掘优质的内容。想要成功打造一个生态圈，通常需要与已有资源进行融合。比较常见的短视频生态圈模式有"媒体＋社交"生态圈、"内容＋电商"生态圈和阿里生态圈。

◆ "媒体＋社交"生态圈。随着媒体类短视频越来越常见，很多媒体人为了更好地推广自己的短视频，开始与社交平台联合，形成了一个"媒体＋社交"生态圈，如秒拍和微博。

◆ "内容＋电商"生态圈。电商企业为了促进商品销售额的增长，将短视频内容与销售的商品关联起来，形成了"内容＋电商"生态圈。

如下页图所示的两个短视频作品将视频内容与要销售的商品关联起来，用户通过视频能够更直观地感受商品的使用效果。

◆ 阿里生态圈。阿里生态圈与其他生态圈不同，其构成相对来说更为复杂。阿里生态圈是由阿里巴巴旗下业务构成的，涉及电商（天猫、淘宝）、消费者、物流（菜鸟驿站）、支付平台（支付宝）等。在阿里生态圈中，无论是视频、社交，还是支付平台，都是这个生态系统的参与者。阿里生态圈结合了众多平台的已有资源，使其互相联系，从而将用户互相转换，使每个平台都能更好地获利。

阿里生态圈最重要的意义是已有资源的联合之下产生新的热点。例如，淘宝短视频中的模特获得大量用户的青睐后，摇身一变就可能成为微博上的热门博主，实现身份的无缝转换，带动商品销量并使个人获得更多利益。

3.3 短视频策划注意事项

在策划短视频的过程中，需要注意把握短视频的选题节奏和内容时长，明确平台的规范和禁忌等。

3.3.1 把握短视频的选题节奏

短视频的选题不是一次性的。任何一个短视频创作者想要长期发展，每次选题都是非常重要的。社会是在不断发展的，用户的爱好、需求等也会随之发生改变，所以短视频创作者必须在选题上适应这种形势，紧跟潮流，根据用户的反馈调整选题的节奏。把握短视频选题节奏的技巧包括选题由易到难、调动用户参与和热点穿插使用等。

◆ 选题由易到难。如果要制作一系列的短视频，那么这些短视频的选题往往是相关联的。尤其是垂直性短视频，这类短视频专注于某一个领域，为了让用户能更好地接受内容，短视频创作者在选题上应当从易到难。看这类短视频的大部分用户在此之前没有掌握相关的专业技能，如果一开始就选择较难的选题，往往会使其难以理解，从而失去继续观看的欲望，造成用户流失。

如下图所示的办公技能类短视频选题就是从最简单的 PPT 封面制作开始，让大多数用户能够快速掌握，从而产生持续关注的兴趣。

◆ **调动用户参与**。用户的参与度会在很大程度上影响一个短视频的流量。用户的参与度越高，短视频被转发分享的可能性就越高。短视频创作者可以通过调整选题节奏来提高用户的参与度。

例如，短视频创作者可以在某一期短视频中，针对某一个问题向用户征集看法，让用户自然而然地参与到讨论中。而对于用户的讨论，可以在另一期短视频中作为主题进行创作，这样能够在一定程度上激起用户的好奇心，期待自己的观点能够在某期短视频的选题上反映出来，从而进行长期的关注。如下页图所示，这个短视频讨论的就是人们比较关注的话题，参与讨论的用户非常多，评论数量达 10 万多条，创作者可以到评论区挑选有代表性的观点，作为下一期短视频的创作素材。

◆ **热点穿插使用**。热点的使用虽然可以让短视频内容被更多的用户看到，但是也不能过度，否则会让用户感到节奏过快，从而产生疲惫感。为了避免这种情况，应当将热点穿插使用。即使是在一期短视频中，也不能全部内容都与热点紧密相关，要在讨论热点的同时安排一些比较有趣味性的内容，使用户放松心情，做到内容张弛有度。

3.3.2　把握内容时长

在做短视频的策划时，一定要注意把握最终成品的时长。短视频之所以能够受到用户的欢迎，是因为其方便用户在生活中的碎片时间进行观看，这就要求短视频的时长不能太长，否则就会失去市场竞争力。但是短视频时长也不能太短，过短的成品很难表达出创作者的全部意图，难以真正让用户理解和认可。一般来说，时长为15 ～ 60秒的短视频是比较合适的。

例如，比较热门的短视频平台快手，其"发现"界面中会显示很多推荐的短视频，随机打开两个短视频，可以看到它们的时长都在15 ～ 60秒之间，如右图所示。

3.3.3　明确平台规范和禁忌

正规的短视频平台对短视频的内容都有明确的规范限制。短视频创作者一定要遵守相关的规范，短视频内容不得违反我国相关的法律、法规，不得宣扬淫秽色情、暴力歧视等错误的价值观。明确短视频的内容规范，可以在短视频的创作上少走弯路，还能有效避免被平台封号。

抖音短视频是一个旨在帮助用户表达自我、记录美好生活的短视频分享平台。用户要查看抖音对上传视频有哪些限制，需要先进入个人中心界面，然后点击界面右上角的扩展按钮，在展开的列表中点击"设置"按钮，如下左图所示；进入抖音设置界面，点击"社区自律公约"，如下中图所示；即可看到抖音平台对上传视频的要求，如下右图所示。

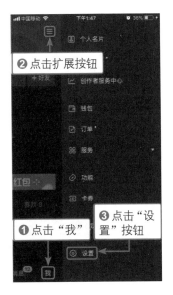  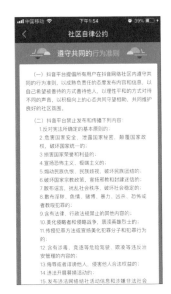

此外，切忌在短视频中过度插入广告。对于短视频营销来讲，广告的收益虽然是必不可少的，但是若只顾着在短视频中投放广告，赚取眼前的利益，则可能导致观众的厌烦，流失大量的粉丝。

短视频创作者应充分发挥聪明才智，将广告无形地融入整个短视频的故事中，让观众自然而然地接受。例如一段护肤的短视频，当用户观看视频时，会从视频中学到很多皮肤护理方面的知识，这时如果在其中加入一些商品推荐，就更容易激发用户的购买欲望，如右图所示。

3.3.4　策划方案的可行性

只有可执行的方案才有意义。因此，在做短视频内容策划的时候，一定要保证策划方案的可行性。为了保证方案可以顺利地"落地"，需要将资源充分利用起来，让短视频以最好的效果展示在用户面前，并选择合适的推送时间和投放市场，这样才能吸引更多的用户。如果你有广阔的人脉，那么可以邀请他们帮助推广，这样带来的流量也是不可估量的。

很多高质量短视频的制作都是由团队完成的。在这个团队中，每个成员需要分工明确并互相配合，从而优质、高效地完成整个方案的执行。一个短视频创作团队的核心成员主要有编导、摄影、后期剪辑和演员，如下图所示。

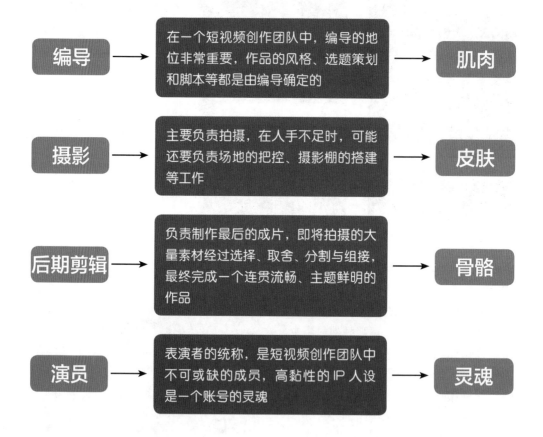

3.3.5　追踪热点的时效

对短视频稍有研究的人都会发现一个显而易见的现象：追踪热点的短视频的播放量往往比没有追踪热点的短视频高。热点都是自带流量的，它能为短视频赢得更多的关注，所以很多人在做短视频策划时都会选择追踪热点。

热点是指在某一时间段内关注度比较高的事件，具有一定的时效性。一般情况下，热点可以分为3种：常规热点、突发热点和预判热点。

◆ **常规热点**。常规热点就是一些比较常见、会定时出现的热门话题，如大型节假日、固定时间的大型赛事活动等。如果你的短视频要追踪常规热点，可以根据历年热点的关注度及话题，提前对内容选题进行筛选预热，等待时机准时发布。例如，一年一度的高考就是一个常规热点。如下图所示的几个有关高考的短视频，关注度和转发率都比较高。

◆ **突发热点**。突发热点是指那些不可预测的突发事件，这类热点比较突然，也比较偶然，而且其热度相对来说降得比较快，如某个地方的自然灾害或社会事件等。想要追踪这类热点，相对来说难度比较大，有一些突发热点，如果能提前做好预案，也可以有所收获。

突发热点的时效性最短，如果是追踪突发热点的短视频，在做策划时更要关注其时效性。一般情况下，事件发生的1个小时内被认为是这类热点的黄金期。事件发生的16个小时内，一般是用户对事件兴趣最大的时刻，在这段时间内，用户对事件的进展与发酵往往保持着较高的关注度。随着时间的推移，该事件被推送得越来越多，用户对事件的关注度也会越来越低。

◆ **预判热点**。预判热点是除突发热点和常规热点外，可以人为预测的一些热点。例如某部电影上映之前，可以通过对受众群体及话题本身热度的分析，预测该电影是否会成为大家高度关注的话题。

第 4 章

短视频拍摄的
实用技巧

短视频的制作从拍摄视频素材开始。要想拍摄出优质的视频素材，需要掌握一些拍摄的基础知识和技巧，包括设备的选择、拍摄角度和方向的选择、景别的选择、运镜的技巧及画面构图的设计等。

80%

4.1 短视频拍摄基础知识

虽然数码相机和智能手机的普及大大降低了视频拍摄的门槛，但对于刚接触短视频的新手来说，要想拍出好作品也不是那么容易的。本节就来讲解新手入门短视频拍摄必须掌握的基础知识。

4.1.1 选对拍摄设备

工欲善其事，必先利其器。在拍摄短视频之前，必须选择合适的设备。合适的拍摄设备可以让你在拍摄过程中更加得心应手。拍摄短视频的设备有很多，常用的有手机、单反相机、摄像机等。

◆ **手机**。很多人刚开始拍摄短视频时，总觉得应该选择单反相机或摄像机才能拍出好作品。其实不然，新手对于景别选择、镜头角度切换等拍摄技法的掌握并不是很娴熟，使用手机进行拍摄反而相对更容易上手。手机不仅具有体积小、方便携带等特点，而且操作也较为简单。如下图所示为用手机拍摄视频的展示效果。

此外，使用手机拍摄视频还有很多其他优点。例如，用手机上的抖音 App 拍摄好视频后，直接就可以在抖音平台上发布。用抖音发布的视频也更有可能被平台推荐。

◆ **单反相机**。有一定拍摄经验的人可以选择使用单反相机（见右图）来拍摄视频。作为一种中高端摄像设备，单反相机拍出的视频画质比大部分手机拍出的视频画质高。单反相机的主要优点是能够通过镜头更加精确地取景，拍摄出来的画面与实际看到的影像几乎是一致的。

单反相机可以根据个人需求来调整光圈、曝光度及快门速度等，并且可以更换镜头，从广角到超长焦，只要卡口匹配，完全可以随意更换。但是单反相机的体积较手机来说偏大，便携性比较差。它的整体操作性也不强，如果是新手，要想达到运用自如的水平，需要一段时间的学习和适应。

◆ 摄像机。除了手机和单反相机，摄像机也是很多人会选择的拍摄设备之一。摄像机分为家用 DV 摄像机（见下左图）和业务级摄像机（见下右图）两大类。家用 DV 摄像机在手机普及之前是最常见的视频拍摄设备，它在拍摄短视频上还是有一些优势的。首先，家用 DV 摄像机的变焦能力更强大，适合大范围变焦；其次，家用 DV 摄像机的自动化程度较高，操作比较简单，可以满足很多非专业人士的拍摄需求。

业务级摄像机是一种更为专业的视频拍摄设备。专业的新闻、综艺类节目一般都是用业务级摄像机拍摄的。业务级摄像机的优点是像素比较高，非常适合拍摄画质要求较高的短视频，但是业务级摄像机的价格比较昂贵，且体积较大，不便于携带。

4.1.2 稳固拍摄设备

视频画面的清晰度对于任何一个短视频作品来说都是非常重要的，而决定视频画面清晰与否的关键是画面的稳定性，因此，在拍摄视频时，要尽量拿稳拍摄设备，防止抖动。要防止抖动，一是借助防抖器材，二是拍摄时尽量不要大幅度移动。

◆ 借助防抖器材。使用防抖器材是解决抖动问题最直接和有效的方法。常见的防抖器材有独脚架、三脚架、防抖稳定器等，如下图所示。不同的防抖器材适用于不同的拍摄设备，大家可以根据自己的需求进行选配。

◆ **避免大幅度移动**。拍摄时应注意动作和姿势，避免动作的大幅度调整。例如，在移动拍摄视频时，上半身的动作量应减少，下半身应缓慢小碎步移动；走路时应保持上半身稳定，尽量只移动下半身；镜头需要转动时，应以上半身为旋转轴心，尽量保持双手关节不动。

4.1.3 根据内容选择画幅

如果按画幅对常见的视频进行分类，可以分为横画幅和竖画幅两种。拍摄短视频时，要根据表现的主体或内容来选择合适的画幅，因为不同的画幅会给观众带来不同的视觉感受。

◆ **横画幅**。横画幅是很多短视频创作者最常使用的画幅形式，相对来说也是比较传统的，比较符合媒体平台对短视频格式的要求。横画幅符合人们传统的视觉习惯，因为人的双眼是水平的，并且很多物体也是在水平方向上延伸的。横画幅能给人自然、稳定的视觉感受，适合表现水平方向上的运动和宽阔的视野，尤其适合用于表现大的场景。如下图所示为采用横画幅形式拍摄的视频画面。

◆ **竖画幅**。竖画幅横竖边构成的角具有方向性的冲击力，能给人强烈上升的视觉感受，这样就增强了竖画面向上延伸的表现力和空间感，能给观众带来独特的视觉感受。因此，竖画幅适合表现被摄主体的高大和挺拔，在拍摄以树木、建筑物等为题材的作品时比较常用。

随着手机的普及，很多人在拍摄短视频时会选择竖画幅。竖画幅短视频更容易被人接受，与在手机上上下滑动实现快速切换的浏览习惯有一定关系，这也是抖音、快手等移动短视频平台用户大幅增长的原因之一。如下页图所示为采用竖画幅拍摄的视频画面。

4.1.4　借助网格功能拍摄

　　经常拍照的人都有一个习惯，那就是在拍照时开启拍摄设备的网格辅助线功能。网格辅助线对拍出好的短视频还是有很大帮助的。对于缺乏拍摄经验的新手来说，它可以起到帮助构图的作用：网格把屏幕平均分割，通过网格可以更合理地安排被摄主体的位置。如下左图所示为如何开启 iPhone 手机中的网格辅助线功能；如下右图所示为开启网格辅助线功能后，拍摄界面中显示的网格效果。

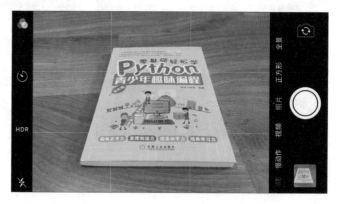

4.1.5　充分利用光线拍摄

　　众所周知，在摄影中光线的运用很重要，其实在视频拍摄中，光线的运用也一样重要。在拍摄的过程中要注意运用顺光、逆光、侧逆光、散射光等来表现被摄主体，同时要确保视频是清晰的，不要明一片暗一片。如果拍摄环境的光线不足，可以适当使用打光来补足。

如下图所示为在明亮光线下拍摄的画面，颜色还原度和清晰度都很出色。

　　如果在弱光或夜景环境中进行拍摄，在没有专业设备的情况下，最好借助周围的灯光（如路灯、公交站的广告灯、室内灯光等）来补光。如果被摄主体是人物，还应想方设法地让这些灯光照在人物的脸上，或者逆光拍摄人物，形成对比，这样拍出的视频画面更有意境。如右图所示的视频画面，在拍摄时就利用了室内照射出来的灯光。

4.2　选择不同的视频拍摄角度

　　拍摄角度可分为平拍、俯拍和仰拍3种。不同的拍摄角度能呈现出不同的视觉效果。拍摄短视频时，要根据表现的内容选择合适的拍摄角度。

4.2.1　平拍获得更稳定的视频画面

　　平拍就是镜头与被摄主体处在同一水平线上。平拍也是最常用的拍摄角度，因为它比较符合大多数人的视觉习惯，画面也显得更加稳定。平拍时要根据被摄主体的高度合理升降镜头，例如，拍摄小孩时要蹲在地上，拍摄草地上的野花时则要趴在地上。

如下图所示的视频作品即为平拍的小狗，通过将镜头放置在与小狗相同的高度，使其显得更加可爱。

4.2.2 仰拍突出视频主体的高大形象

仰拍就是镜头低于被摄主体，向上进行拍摄，从而产生一种由下向上、从低到高的仰视效果。由于透视关系，仰拍会使画面中的水平线降低，前景和后景中的物体在高度上的对比随之发生变化，使处于前景的物体被突出、夸大，从而产生高大、挺拔、雄伟的视觉效果。

如下图所示的两幅视频画面就是拍摄者分别站在高楼和摩天轮下以仰拍的方式拍摄的，突显了被摄主体的高大形象。

4.2.3 俯拍展现画面的纵深感

俯拍与仰拍正好相反，是指镜头高于被摄主体，向下进行拍摄，从而产生一种俯视的效果。由于透视关系，俯拍时画面中的水平线升高，周围环境能得到充分的表现。俯拍能够拍出更广阔的场景，记录地面更多的信息。

俯拍是美食类短视频最常用的拍摄角度，用得比较多的是 45°和 90°俯拍。如下页图所示是采用俯拍方式拍摄的美食类短视频画面，可以更好地展现菜品的造型。

4.3 选择合适的视频拍摄方向

拍摄方向是指以被摄主体为中心，在同一水平面上围绕被摄主体做圆周运动的取景方向。短视频的拍摄方向有正面拍摄、侧面拍摄和背面拍摄。在拍摄前，应选取不同的方向对被摄主体进行观察、比较，从中找到一个最美观、最能表达主题的视点。

4.3.1 正面拍摄获得庄重画面

正面拍摄是将镜头置于被摄主体的正前方，表现出被摄主体的正面全貌，给人一目了然的感觉。大多数短视频创作者都采用正面拍摄，这是因为正面拍摄可以清晰地展示被摄主体的正面形象，画面能给人留下严谨、庄重的印象。如下图所示分别为正面拍摄的建筑物和人物效果。

4.3.2　侧面拍摄让构图更生动

　　相比正面拍摄，侧面拍摄将镜头从被摄主体的正面移到侧面。侧面拍摄又分为正侧面和斜侧面两种。

　　◆ 正侧面拍摄。正侧面拍摄时被摄主体的正面视线与镜头成 90°。正侧面拍摄有利于表现被摄主体的运动姿态及富有变化的轮廓线条，能产生明显的方向性，常用于拍摄调整中的物体。如果是拍摄人物间的交流对话，正侧面拍摄就比较有利于表现双方的神情动态，常用于人物采访类视频。如下左图所示，拍摄人物时使用正侧面拍摄，可以突出人物的身体曲线；如下右图所示，拍摄鸽子时使用正侧面拍摄，能够较好地表现其轮廓。

　　◆ 斜侧面拍摄。与正侧面拍摄相比，斜侧面拍摄的画面立体感和纵深感更强。用这种方式拍摄建筑物、城市街道等景物时，可以较好地表现其层次感和近大远小的透视效果，画面整体效果更加生动。如右图所示为从斜侧面方向拍摄的视频画面，不仅增强了画面的透视感，而且丰富了画面的层次。

4.3.3　背面拍摄让画面更生动

　　背面拍摄是将镜头置于被摄主体的正后面拍摄，这个方向也是很多短视频创作者容易忽视的一个拍摄方向。其实只要处理得当，背面拍摄往往能给人以新鲜或含蓄之感。尤其是在拍摄人物时，如果使用背面拍摄，观众不能直接看到人物的面部表情，只有通过人物的体态去猜测或理解人物的心理状态，具有一定的制造悬念的效果，如下页图所示。

4.4 景别与运镜

在拍摄短视频时，可以根据要表现的内容及被摄主体来选择合适的景别，并结合一定的运镜技术，得到更具故事感的作品。

4.4.1 景别的选择

景别是指由于镜头与被摄主体的距离不同，被摄主体在画面中所呈现的范围大小的区别。根据镜头与被摄主体的距离，景别可以分为远景、全景、中景、近景、特写几种。不同的景别能够让观众产生不同的心理感受。

◆ 远景。远景一般用来表现远离镜头的环境全貌，多用于展示人物及其周围广阔的空间、自然景色和群众活动等画面。它相当于从较远的距离观看景物和人物，视野宽广，人物较小，背景占主要地位。如下图所示为使用远景拍摄的视频画面。

◆ 全景。全景用来表现场景的全貌
或人物的全身动作，常用于表现人物之
间、人与环境之间的关系。全景比远景
的视距小一些，被摄主体大多全部出现
在画面中。全景画面主体表现更明确，
能更直观地表现主体之间的关系，在表
现情节的短视频中使用得较多。如右图
所示为使用全景拍摄的视频画面。

◆ 中景。表现人物膝盖以上部分或场景局部的画面称为中景，俗称"七分像"。
中景可以详细地表现出故事的情节、人物的动作和精神面貌，因而是叙事功能最强的
一种景别，也是很多剧情类短视频的首选景别。如下左图所示为使用中景拍摄的视频
画面。在拍摄人物数量较多的画面时也需要采用中景，以避免周围元素的干扰。

◆ 近景。表现人物胸部以上部分或物体局部的画面称为近景。近景视距很近，所
产生的接近感往往能给观众留下较深刻的印象，也是刻画人物性格最有力的景别。如
下右图所示为使用近景拍摄的视频画面。

◆ 特写。放大表现被摄主体的某一
个"点"的局部细节的画面称为特写，
如拍摄人物肩部以上或身体的局部特征。
特写不仅能让观众产生接近感，而且能
完美地表现人物的面部表情，把人物的
内心活动传达给观众。如右图所示为使
用特写拍摄的视频画面。此外，特写还
有强调和加重的含义。

4.4.2 拍摄的运镜技术

运镜也就是运动镜头，顾名思义，是指通过运动摄影来拍摄动态景象。通过使用

稳定器灵活运镜，不仅可达到平滑流畅的画面效果，而且能为作品注入气氛和情绪，让画面充满活力。推、拉、摇、移等是拍摄短视频时比较常用的运镜方式。

◆ 推。推是一种最为常用的运镜方式，是指被摄主体不动，镜头从全景或别的景位由远及近向被摄主体推进。如下左图所示，镜头逐渐向被摄主体推进，推成近景或特写，主要用于刻画细节、突出主体、制造悬念等。

◆ 拉。和推相反，拉是指被摄主体不动，构图由小景别向大景别过渡。如下右图所示，镜头从特写或近景拉起，逐渐变化到全景或远景，视觉上会容纳更多的信息，同时营造一种远离主体的效果。

◆ 摇。摇是指镜头的位置不动，只进行角度的变化，其方向可以是左右摇（见下左图）或上下摇（见下右图），也可以是斜摇或旋转摇。其目的是逐一展示被摄主体的各部位，或展示规模，或巡视环境等。

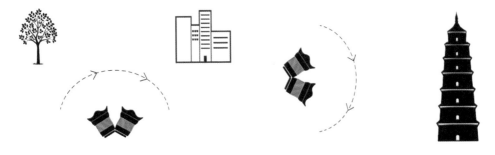

◆ 移。移是"移动"的简称，是指镜头在各水平方向上移动的同时进行拍摄。移动拍摄要求较高，在实际拍摄中一般需要配合使用专用设备。移动拍摄可产生巡视或展示的视觉效果，如果被摄主体处于运动状态，使用移动拍摄可在画面上产生跟随的视觉效果。

◆ 跟。跟是指跟随拍摄，即镜头始终跟随被摄主体进行拍摄，使运动的被摄主体始终在画面中。其作用是能更好地表现运动的物体。

◆ 甩。甩是指当前一个画面结束时，镜头急骤地转向另一个方向。在甩的过程中，画面变得非常模糊，等镜头稳定时才会出现新的画面。其作用是表现事物、时间、空间的急剧变化，给观众营造一种紧迫感。

◆ 升、降。升、降是指镜头上下运动。升、降可以巧妙地利用前景来加强空间深度的幻觉，产生高度感。升、降常用于展现被摄主体的规模和气势，或者表现处于上升或下降运动中的被摄主体。

4.5 短视频的构图

短视频构图是将现实生活中的立体世界，利用镜头再现在二维平面上，并通过对画框内景物的取舍与光线的运用，对画面起到突出主体、聚集视线、美化等作用。本节将讲解短视频构图的原则和基本要素。

4.5.1 短视频构图的四大原则

构图能够创建画面造型，表现节奏与韵律，是视频作品美学空间的直接体现。构图传达给观众的不仅是一种认知信息，更是一种审美情趣。短视频构图需要遵循美学、均衡、服务主体和变化四大原则。

◆ **美学原则**。短视频构图首先要遵循的是美学原则。短视频拍摄也是一门艺术，所以它的构图一定要美，要"艺术"，简单来说就是要具有视觉上的美感，使人看起来舒服、美观，能够产生继续观看的欲望。要让视频画面具有视觉上的美感，首先，拍摄的内容一定要是美的事物，如青山、绿水、鲜花等，如下左图所示。其次，在构图上还要讲究形式美。影响构图形式美的因素有很多，如光线、颜色、虚实对比、大小对比等，这些在拍摄时都要考虑到。如下右图所示的视频画面就是通过前景与背景的虚实对比构建出来的。

◆ **均衡原则**。均衡是获得优质构图的一个重要原则。要判断画面是否均衡，可以将画面分为四等份，形成一个"田"字格，在"田"字格的 4 个格子中会有相应的元素，再看各元素之间是否具有均匀感，如右图所示。

　　需要注意的是，均衡并不是简单的对称。对称的画面有时会给人以沉闷感，而均衡的画面则不会引起人们的不适。要想让短视频构图达到均衡，就要让画面中的形状、颜色和明暗区域相互补充与呼应。例如，当强调庄重、肃穆的气氛时，要让画面均匀平衡，可以采用对称式均衡，从中显示出一种古朴的庄重关系，如下左图所示；当拍摄幽雅、恬静的抒情风格画面及生动活泼的人物画面时，可以通过有疏有密、有虚有实的构图方式以寻求整体的均衡，如下右图所示。

　　◆ **服务主体原则**。服务主体原则是指短视频作品的构图方式必须为表现和突出被摄主体服务。创作者可从两个方面考虑：首先，为了表现被摄主体，要采用合适、舒服、具有形式美感的构图；其次，为了突出被摄主体，有时甚至可以破坏构图的美感，使用不规则构图。

　　◆ **变化原则**。一些短视频可能是由多个镜头画面组合而成的，这类短视频的构图除了要遵循前面所讲的几个原则外，还需要遵循变化原则。短视频不是照片，变化是短视频的主要特征和魅力所在，观众不能容忍一部构图没有任何变化的短视频作品。短视频构图不但要注意画面内容的变化，还要注意构图方式的变化。如下图所示为通过切换镜头拍摄的同一只鸟，虽然表现的是同一个被摄主体，但是不同的拍摄角度和构图方式让观众看到了更多的变化。

4.5.2　短视频的构图要素

短视频的构图要素包括主体、陪体和环境。其中，主体是画面的主要表现对象，集中体现作品的主题；陪体是画面中的次要对象，可以起到衬托主体的作用；环境则可以强调主体处于什么环境之中。

◆ **主体**。拍摄短视频时，首先要确定的就是主体。主体既是画面的形象中心，也是画面的视觉中心。视频画面的空间分配、影调和色调的确定一般都是根据主体的特点来进行的。主体可以是某一个对象，也可以是一组对象；可以是人，也可以是物。如右图所示的视频画面中，食物就是要表现的主体。

◆ **陪体**。陪体是指在画面中与主体有紧密联系，或者辅助主体表现主题的对象。例如，右上图中放置食物的小桌子和装饰用的花朵等就属于陪体。

◆ **环境**。环境是指围绕主体和陪体的环境，包括前景与后景两个部分。位于主体之前，靠近镜头位置的人物和景物统称为前景；而后景与前景相对应，它是指位于主体之后的人物和景物，一般多为环境的组成部分。

4.6　常用的构图方式

短视频的拍摄与摄影在本质上是相同的，区别在于一个是动态画面，另一个是静止画面。因此，摄影中使用的一些构图方式在拍摄短视频时同样适用。短视频拍摄常用的构图方式有九宫格构图、黄金分割构图、中心构图、框架式构图、对角线构图和对称构图等。

4.6.1　九宫格构图

九宫格构图就是把镜头画面横向和纵向各分为三等份，得到 4 个分割画面的交叉点，在拍摄时，将需要表现的主体元素，如人物、事物等放在这些交叉点上。九宫格构图的好处就是在突出视觉中心的同时，还可以让观众看到场景中的其他元素，获得更好的叙事效果，或者营造更好的氛围。九宫格构图中的 4 个交叉点也能给观众带来不同的视觉感受，上方两点的动感比下方两点的动感强，左侧两点的动感比右侧两点的动感强。

如下左图所示为一朵花的特写画面，将花朵放在右下角的交叉点上，画面结构稳定，结构性强；如下右图所示为一个人物的特写画面，将人物的眼睛置于右上角的交叉点上，人物的眼神就成为画面的视觉中心。

4.6.2 黄金分割构图

黄金分割是指事物各个部分之间的比例在审美学上的意义，是一种最能引起美感的比例关系。在数学上，把 0.618 定义为黄金分割比。如右图所示，将一条直线 a 分成 c 和 b 两部分，当 $b/a = c/b = 0.618$ 时，那么 y 点就是 c 与 b 的黄金分割点。

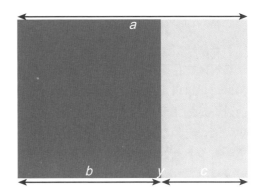

黄金分割构图就是将画面中要表现的主体放在黄金分割点附近。相对于其他构图方式，它更符合人们的审美习惯。如右图所示是一幅街景画面，将人物安排在画面右侧的黄金分割点附近，除了让整个画面更加沉稳外，还增加了画面的延伸感和现场感。

4.6.3　中心构图

一般来说，画面中心是人们的视觉焦点，看到画面时很多人最先注意到的也是画面的中心位置。中心构图就是将画面中需要表现的主体安排在画面的中心位置，达到突出主体的效果。

中心构图比较适合拍摄一些特写画面。中心构图最重要的作用就是突出主体，让观众一眼就能看出拍摄者要表达的主体，所以中心构图要尽量避免凌乱的背景。如果镜头中出现的背景比较凌乱，那么就需要用大光圈或长焦距对背景进行虚化，使主体从背景中"跳"出来，如右图所示。

4.6.4　框架式构图

顾名思义，框架式构图就是将画面中的主体框起来，这样观众的视线就会因为这个"框"而聚拢，并注意到框中的景物，从而起到突出主体的作用。在短视频中应用框架式构图，可以营造一种窥视的感觉，让画面充满神秘感，从而引起观众的观看兴趣。

框架式构图中的框架不一定都是方形，还可以是圆形或其他不规则的形状。在拍摄时，可以借用拍摄环境中建筑物上的窗户、栅栏的空隙来构建框架式构图，也可以通过一定的角度来形成框架式构图效果。如下图所示就是采用了框架式构图的两个视频画面，它们都是利用不同形状的门来构建框架式构图的。需要注意的是，框架里一定要有能看到的事物或值得观看的事物，不能透过框架什么都看不到，这样框架式构图就失去了其应有的意义。

4.6.5 对角线构图

对角线构图是指主体沿画面对角线方向排列，表现出很强的动感、不稳定性或生命力等感觉，给观众以更加饱满的视觉体验。对角线构图中的线可以是直线，也可以是曲线、折线或物体的边缘，只要线的整体延伸方向与画面对角线方向接近，就可以视为对角线构图。对角线构图多用于叙述环境，所以它常用于旅行类短视频的拍摄。

要拍出对角线构图效果，可以先在拍摄环境中寻找"斜线"进行构图，如果找不到，也可以有意识地倾斜镜头来"制造"斜线。如右图所示的视频画面就是典型的对角线构图，花枝在画面中自然地沿着对角线方向延伸，显得充实、饱满，又不失活泼。

4.6.6 对称构图

对称构图是生活中常见的构图方式，如蝴蝶的翅膀、宏伟的宫殿等。对称构图就是以水平中轴线或垂直中轴线做一个镜像，拍出的视频画面非常规整，给人一种平衡的感觉。对称构图可以分为上下对称构图和左右对称构图。

上下对称构图的画面在上下方向上形成大致的对等效果。要拍摄上下对称的画面，可以将镜头对着地平线、湖面、水面等。如下左图所示的画面就是利用海平面拍摄的上下对称构图效果，通过海面与天空形成的对称增加了画面的艺术感。左右对称构图的画面在左右方向上形成对等的视觉效果，多用于建筑物的拍摄。如下右图所示，左右对称构图可以很好地表现出宏伟的建筑风格，也能给观众庄严、肃穆的感觉。

第5章

短视频的剪辑

为了让观众能在短时间内看完，短视频的时长不能过长，因此，在制作短视频时，必须通过后期剪辑去除前期拍摄的素材中的一些内容，以突出重点，让短视频的内容变得更加紧凑和充实。

80%

 ❚❚

5.1 视频剪辑基础知识

在学习视频剪辑软件的操作之前，需要先掌握一些视频剪辑的基础知识。本节将讲解视频剪辑的相关术语和短视频剪辑的注意事项。

5.1.1 视频剪辑的相关术语

开始视频剪辑工作之前，先来了解视频剪辑中的一些相关术语，如时长、帧、关键帧、帧速率等。

◆ **时长**。时长是指视频的时间长度，其基本单位是秒。在 Premiere Pro 中，视频的时长显示格式为"时：分：秒：帧"。

◆ **帧**。视频是由一幅幅静态图像所组成的图像序列，通过连续播放序列中的静态图像，造成人眼的视觉残留，就能形成连续的动态视觉感受。这一幅幅静态图像就称为帧。

在 Premiere Pro 中，可以在"时间轴"中以连续视频缩览图的方式显示构成视频的每一帧，如下图所示。

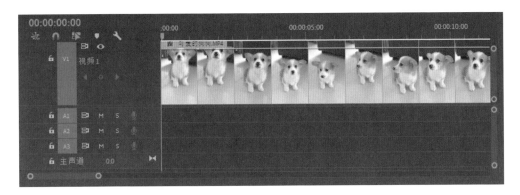

◆ **关键帧**。关键帧是用于描述一个镜头的关键图像，它通常会反映一个镜头的主要内容。关键帧的提取是视频分析和剪辑的基础。将视频分割成镜头后，一般可以将每个镜头的首帧或末帧作为关键帧。

◆ **帧速率**。帧速率又称帧率，指每秒所显示的帧数，常用 fps 作为单位。例如，帧速率为 24 fps，表示视频每秒显示 24 帧图像。常用的帧速率有 24 fps、25 fps、29.97 fps、30 fps 等。帧速率越高，每秒显示的图像就越多，给人的视觉感受就越流畅。

要查看一个视频的帧速率，可以在存储素材的文件夹中右击该视频，在弹出的快捷菜单中执行"属性"命令，如下页左图所示；在弹出的对话框的"详细信息"选项卡下就能看到该视频的帧速率，如下页右图所示。

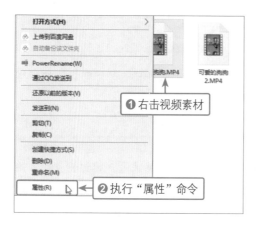

◆ 入点/出点。入点/出点是指为进行视频的编辑和修剪而在视频中标记的开始位置/结束位置，又称为开始标记/结束标记。通过设置入点和出点，可从较长的视频中选取一部分。在 Premiere Pro 中，使用"节目"面板监视器设置入点和出点，如右图所示。

◆ 时间轴。时间轴是 Premiere Pro 中的一个面板，它按时间顺序显示打开的序列。用户可以使用时间轴来编辑和排列序列中的剪辑。在 Premiere Pro 中，对剪辑进行的大多数操作是在时间轴中进行的。

◆ 轨道。轨道是时间轴上的层，包含序列中的音频或视频片段。它也指视频素材中单独的音频和视频轨道。在 Premiere Pro 中，一个序列可以有多个视频轨道或音频轨道，最多可以有 99 个视频轨道和 99 个音频轨道。

◆ 修剪。修剪是指精确地增减片段入点或出点附近的帧。修剪操作是通过对多个编辑点进行细小调整来精编序列的。

5.1.2 短视频剪辑的注意事项

剪辑就是在拍摄完视频素材后，根据需要对各个镜头的画面进行选择、整理和修剪。视频剪辑是短视频后期制作中非常重要的一步操作，在这个过程中需要注意以下几个问题。

① 剪掉与主题无关的内容

简单来说，视频剪辑就是把视频中不需要的内容（即与表现作品主题无关的内容）

剪掉。因此，在做视频剪辑之前，首先要清楚自己到底想要表达什么，然后将与要表达的主要内容无关的内容从素材中剪掉，而不是胡乱剪辑。

② 把握视频画面的节奏感

短视频虽短，但是其画面也有一定的节奏感。短视频画面的节奏感就如同一首歌的旋律节奏感或者一部小说的情节节奏感一样，讲究轻重缓急，这样才能带动观众的情绪。为了加快视频画面的节奏感，可以剪掉一些不必要的画面，使视频整体变得更加紧凑。

③ 剪去切掉人物的脸或身体的画面

短视频的画面一定要杜绝出现边缘切掉人物的脸或身体的情况，这是短视频的大忌。如果在拍摄素材时不可避免地出现了这类情况，在后期剪辑时一定要将这些画面剪掉。如下左图所示的视频画面中就出现了人物的身体被切掉的情况，在后期剪辑时就要将其剪掉。

④ 保证画面的干净

在做视频剪辑时，尽量不要使用背景中有多余的线条、图形、物体、符号等会误导观众或分散观众注意力的镜头。如果是景深很浅且背景几乎虚焦，则可使用快速剪辑方式，使画面一闪而过。如下右图所示的视频画面本来是想要表现美丽的雪景，但是画面中出现了过多的多余物体，影响了画面效果，剪辑时可以去掉这些画面。

5.1.3　认识视频剪辑软件Premiere Pro

　　Premiere Pro 是一款专业的视频编辑软件，具有高效易学、创作自由等特点。它除了能完成视频的粗剪和精剪操作，还能为视频添加字幕和特效等。

　　在计算机中安装好 Premiere Pro 之后，通过双击其快捷方式就能启动该软件。启动软件后，可以看到 Premiere Pro 的主界面由菜单栏、"项目"面板、"源"面板、"节目"面板、"时间轴"面板等部分组成，如下图所示。

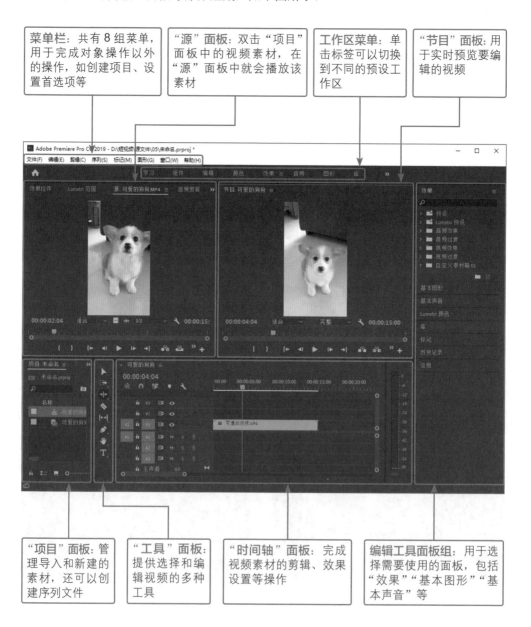

菜单栏：共有 8 组菜单，用于完成对象操作以外的操作，如创建项目、设置首选项等

"源"面板：双击"项目"面板中的视频素材，在"源"面板中就会播放该素材

工作区菜单：单击标签可以切换到不同的预设工作区

"节目"面板：用于实时预览要编辑的视频

"项目"面板：管理导入和新建的素材，还可以创建序列文件

"工具"面板：提供选择和编辑视频的多种工具

"时间轴"面板：完成视频素材的剪辑、效果设置等操作

编辑工具面板组：用于选择需要使用的面板，包括"效果""基本图形""基本声音"等

5.2　调整视频素材

完成视频素材的拍摄后，往往需要对它做进一步的调整。在 Premiere Pro 中，可以先将视频素材导入到项目中，然后添加到时间轴，再对素材的速度、持续时间、位置等做进一步的处理。

5.2.1　视频剪辑从导入素材开始

要对视频素材进行剪辑，首先需要将它导入 Premiere Pro 的项目中。Premiere Pro 提供了多种导入视频素材的方法，如使用"导入"命令导入、利用"项目"面板导入等。

①　执行"导入"命令导入

在"文件"菜单下有两个导入素材的菜单命令，分别是"导入"和"导入最近使用的文件"命令，通过前者可以导入任何素材文件，通过后者可以在弹出的级联菜单中选择最近导入过的素材文件。下面以"导入"命令为例，讲解如何导入视频素材。

素材　实例文件\05\素材\可爱的狗狗.mp4、可爱的狗狗2.mp4

在 Premiere Pro 中，项目文件用于存储与序列和资源有关的所有信息，如创建的序列、导入的音视频素材等。因此，在导入视频素材之前，先要创建一个项目，用来管理需要剪辑的素材。执行"文件 > 新建"命令，创建一个新项目。

创建项目后，可以看到"项目"面板中没有任何视频素材文件，如下左图所示；执行"文件 > 导入"命令，如下右图所示。

在打开的"导入"对话框中浏览文件夹，找到并选择需要导入到项目中的视频素材，

然后单击"打开"按钮,如下左图所示,随后在"项目"面板中就会显示导入的视频素材,
如下右图所示。

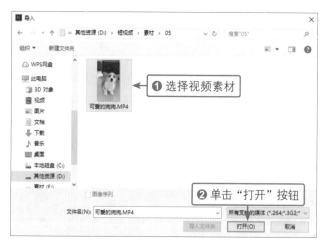 

② 通过"项目"面板导入素材

要将视频素材导入到项目中，还可以利用"项目"面板实现。通过"项目"面板
导入素材的方法为：双击"项目"面板中的空白区域，如下左图所示；打开"导入"
对话框，在对话框中选择要导入的素材，单击"打开"按钮即可导入素材，如下右图
所示。

 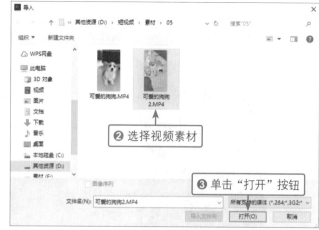

技巧：通过媒体浏览器导入素材文件夹

如果已将需要的视频素材放入指定的文件夹，那么可以使用"媒体浏览器"面板导入这个文件夹中的所有素材。打开"媒体浏览器"面板（如果界面中没有显示该面板，可以执行"窗口 > 媒体浏览器"命令调出），然后找到存储素材的文件夹并右击，在弹出的快捷菜单中执行"导入"命令，如右图所示，就可以导入文件夹中的所有素材。

5.2.2　设置素材显示方式

将视频素材导入项目中之后，"项目"面板中默认显示的是素材的文件名，无法看到素材的具体内容，这在需要编辑大量素材时会很不方便。通过调整"项目"面板中视频素材的显示方式，可以显示素材的缩览图，以方便素材的编辑。

单击"项目"面板上的扩展按钮▤，在弹出的菜单中执行"缩览图"命令，如下左图所示；随后在"项目"面板中就会以缩览图的方式显示素材，拖动下方的"调整图标和缩览图的大小"滑块，可更改缩览图的大小，如下右图所示。

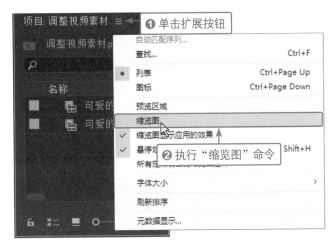 

单击"项目"面板上的扩展按钮▤，在弹出的菜单中执行"预览区域"命令，如下页左图所示，可以直接预览素材，而不需要将它打开放到"源"面板中播放；还可以在播放时单击"标识帧"按钮▣，将帧所显示的图像作为整个视频的预览图，以便在编辑时能快速找到素材，如下页右图所示。

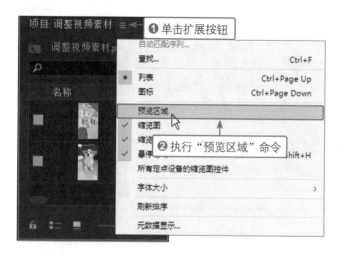

技巧：在"源"面板中预览视频

　　将视频素材导入项目中后，双击"项目"面板中的视频素材，会展开"源"面板，并在面板中显示视频素材。单击面板下方的"播放"按钮▶，可播放视频素材，预览效果。

5.2.3　在时间轴中加入视频

　　"时间轴"面板是 Premiere Pro 最核心的一个面板，视频素材的大多数剪辑工作都需要在这个面板中完成。因此，在对视频素材进行剪辑前，先要将它添加到"时间轴"面板，然后在"时间轴"面板中对它做进一步的编辑。

① 从"项目"面板添加视频

　　在"项目"面板中选中导入的视频素材，然后将其拖动到"时间轴"面板上，此时鼠标指针将变为 图形，如下图所示。

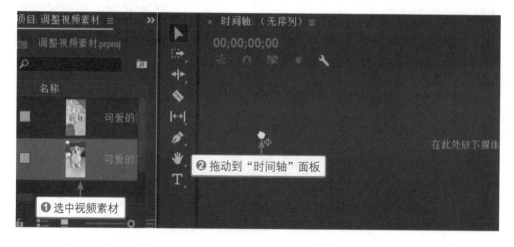

释放鼠标，就可以将视频素材添加到"时间轴"面板，如下图所示。

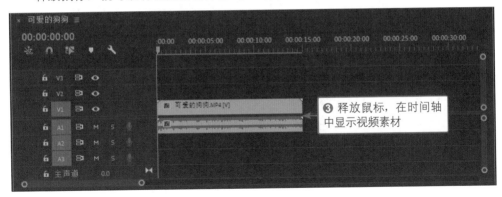

② **从"源"面板添加视频**

要在"时间轴"面板中添加视频素材，还可以使用"源"面板。应用"源"面板添加视频素材时，可以选择单独添加视频素材的视频部分或音频部分。

双击"项目"面板中的视频素材，将其在"源"面板中打开。如果要同时添加视频素材的视频部分和音频部分，将鼠标指针放在"源"面板中的视频画面上，按住鼠标左键不放，将其拖动到"时间轴"面板，释放鼠标即可，如下图所示。

如果只需要添加视频素材的视频部分，将鼠标指针放在视频画面下方的"仅拖动视频"按钮上，然后将其拖动到"时间轴"面板并释放鼠标即可，如下页图所示。如果只需要添加视频素材的音频部分，将鼠标指针放在视频画面下方的"仅拖动音频"按钮上，然后将其拖动到"时间轴"面板并释放鼠标。

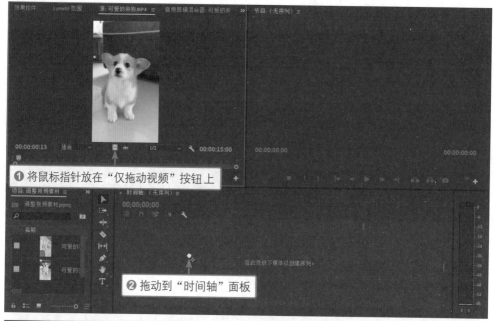

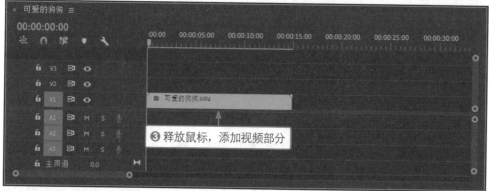

5.2.4 更改视频的播放速度和持续时间

通过调整视频素材的播放速度和持续时间，可以营造出快动作和慢动作效果，让作品变得更有趣。Premiere Pro 提供了多种方法来修改视频素材的播放速度和持续时间，并且可以同时更改多个视频素材的播放速度和持续时间。

① 使用"速度 / 持续时间"命令

修改视频播放速度和持续时间比较常用的是"速度 / 持续时间"命令。该命令的优点是能精确地定义播放速度和持续时间。

步骤 01 选择视频素材。单击"工具"面板中的"选择工具"按钮，然后在"时间轴"面板中选中需要调整的视频素材，如下页图所示。如果要选择不连续的视频素材，则需要按住 Shift 键依次单击视频素材。

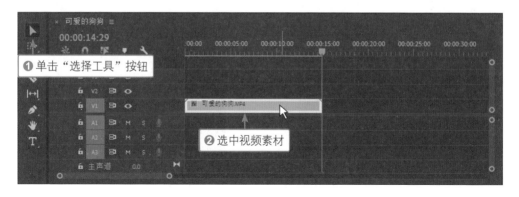

步骤 02 执行"速度 / 持续时间"命令。选中视频素材后,执行"剪辑 > 速度 / 持续时间"命令,或者右击"时间轴"面板中选定的视频素材,在弹出的快捷菜单中执行"速度 / 持续时间"命令,如下图所示。

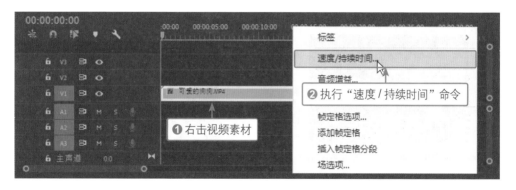

步骤 03 设置视频播放速度。打开"剪辑速度 / 持续时间"对话框,如右图所示。对话框中设置的速度与持续时间是成反比的。如果要延长持续时间,则在"速度"文本框中输入小于 100 的数值;如果要缩短持续时间,则在"速度"文本框中输入大于 100 的数值。

例如,在"速度"文本框中输入数值 150,视频播放速度变快,持续时间由原来的 15 秒变为 10 秒,如下页左图所示;在"速度"文本框中输入数值 70,视频播放速度变慢,持续时间由原来的 15 秒变为 21 秒,如下页右图所示。

技巧：单独更改视频的播放速度或持续时间

默认情况下，播放速度与持续时间为绑定状态，即更改播放速度将导致持续时间的相应变化，更改持续时间同样会导致播放速度的相应变化。如果要单独设置播放速度或持续时间，则要先单击"绑定"按钮，解除它们的绑定状态，然后分别进行设置，如下图所示。

② 使用"比率拉伸工具"

如果不太在意视频素材的播放速度，只关心视频素材的持续时间能否填补某个间隙，可以使用"比率拉伸工具"更改视频素材的播放速度和持续时间。

按住"工具"面板中的"波纹编辑工具"按钮不放，在展开的列表中单击"比率拉伸工具"，如右图所示；然后将鼠标指针移到"时间轴"面板中视频素材的任一边缘，当鼠标指针显示为形或形时开始拖动，如下页图所示。从边缘向两边拖动时，视频素材的持续时间变长，播放速度变慢；从边缘向视频素材中心拖动时，持续时间变短，播放速度变快。

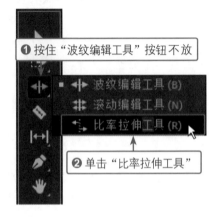

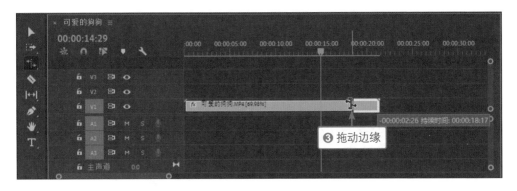

③　使用时间重映射

以上两种方法改变的是视频素材的整体播放速度，Premiere Pro还提供了一种可以改变视频素材任意部分的播放速度，并且不会影响视频素材整体的功能——"时间重映射"。利用此功能除了可以方便地制作出变速效果，还可以制作出倒放、定格等效果。不过，需要注意的是，此功能不能对音频素材进行操作。

步骤01 选择视频素材，展开"效果控件"面板。使用"选择工具"在"时间轴"面板中选中一个视频素材，展开"效果控件"面板，如下图所示。

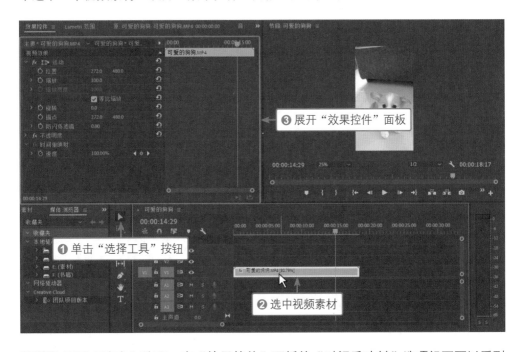

步骤02 展开"速度"选项。在"效果控件"面板的"时间重映射"选项组下可以看到"速度"选项，单击"速度"前面的折叠按钮 ，如下页左图所示；展开"速度"选项，在"切换自动范围尺度更改"箭头 右侧有一条控制视频播放速度的水平橡皮带，向上或向下拖动橡皮带，可增大或减小视频素材的播放速度，如下页右图所示。

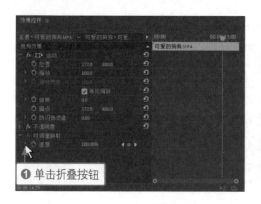

步骤 03 拖动播放指示器，设置关键帧。如果要从视频素材的某一帧开始改变其播放速度，可将播放指示器拖动到需要改变速度的开始位置，如下左图所示；然后单击"添加 / 移除关键帧"按钮 ◙，添加一个关键帧，如下右图所示。

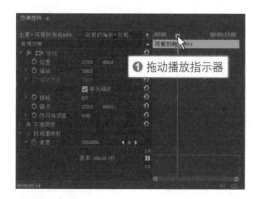

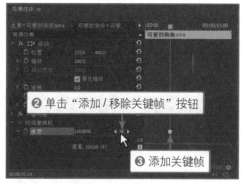

步骤 04 拖动水平橡皮带，调整播放速度。添加关键帧后，拖动控制播放速度的水平橡皮带，如下左图所示；当拖动至比较合适的播放速度后，释放鼠标，如下右图所示。这时视频素材就会从指定的关键帧位置开始变换播放速度。利用此方法可以为一段视频素材的不同部分分别设置不同的播放速度。

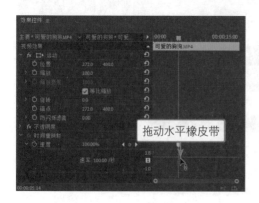

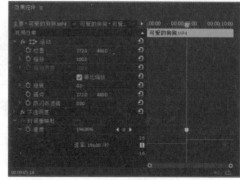

技巧：修改静帧图像的持续时间

在序列中加入一幅图像后，如果要更改这幅图像的持续时间，可以利用"选择工具"进行操作。单击"选择工具"按钮 ▶，然后将鼠标指针移到图像素材的左右边缘，当鼠标指针变为 ▣ 形时，左右拖动即可更改图像的持续时间，如右图所示。

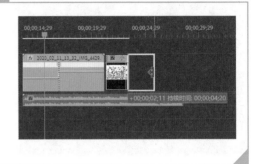

步骤 05 拖动视频上的水平橡皮带，调整播放速度。除了利用"效果控件"面板中的"时间重映射"功能调整播放速度，还可以右击"时间轴"面板，在弹出的快捷菜单中执行"显示剪辑关键帧 > 时间重映射 > 速度"命令，然后将鼠标指针移到视频轨道操作线上，当鼠标指针变为 ▣ 形时向上拖动，如下左图所示，放大显示视频轨道；这时可以看到在视频中间显示的控制播放速度的水平橡皮带，拖动水平橡皮带即可调整视频播放速度，如下右图所示。

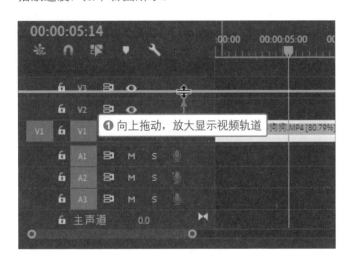

5.2.5 调整视频播放位置

将视频素材添加到时间轴后，可以在"时间轴"面板中水平或垂直拖动视频素材，调整其在视频轨道中的位置。如果要同时移动多个视频素材，则需要将这些视频素材同时选中后再拖动。

步骤 01 选中并拖动视频素材。使用"工具"面板中的"选择工具"选中"时间轴"面板中的一个视频素材，如下页左图所示；水平向右拖动该视频素材，如下页右图所示。

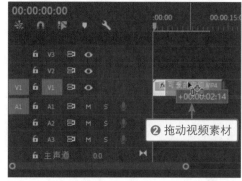

步骤 02 导入新素材，并添加到时间轴。应用前面介绍的导入素材的方法，导入"萌萌哒"素材。为了避免新素材影响 V1 轨道中已设置好的视频素材，先将新素材从"项目"面板拖动到"时间轴"面板的 V2 轨道中，如下图所示。

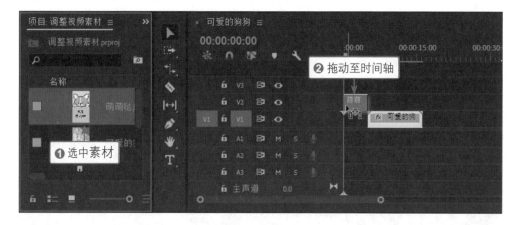

步骤 03 选中并拖动素材。为了保证视频画面的连贯性，下面将两段视频素材移到同一个视频轨道中。使用"选择工具"选中 V2 轨道中的素材，如下左图所示；将选中的素材垂直向下拖动，如下右图所示。

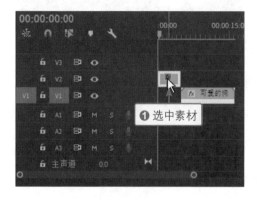

步骤 04 将视频素材移到目标轨道。释放鼠标，可以看到原 V2 轨道中的视频素材被移到 V1 轨道中视频素材的前方，如下图所示。

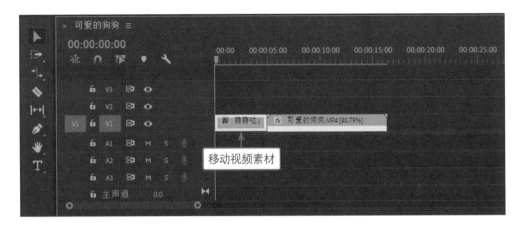

5.3　用标记裁剪视频

前面介绍了视频素材的调整，接下来将对调整后的素材做进一步的剪辑操作。对视频进行后期剪辑时，经常需要为视频添加标记、拆分视频素材、复制视频片段等，本节将一一进行讲解。

5.3.1　为视频添加标记

剪辑短视频时，可以应用标记指示视频中的重要时间点，从而确定序列或剪辑中重要的动作或声音。标记在视频剪辑中仅起参考作用，不会改变原始视频效果。用户既可以将标记添加至"源"面板中的视频素材，也可以将标记添加至"时间轴"面板中选中的视频素材。

素材　实例文件\05\素材\皮包.mov

步骤 01 将素材拖动到"时间轴"面板。双击"项目"面板中的视频素材，如右图所示，将其在"源"面板中打开；将鼠标指针移到"源"面板中的"仅拖动视频"按钮▣上，将视频素材的视频部分拖动到"时间轴"面板，如下页图所示。

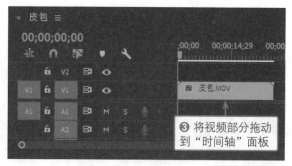

步骤 02 拖动播放指示器。单击"工具"面板中的"选择工具"按钮▶，将播放指示器拖动至要添加标记的位置，如下图所示。

步骤 03 单击"添加标记"按钮，添加标记。单击"节目"面板中的"添加标记"按钮■，如下左图所示；在播放指示器所在位置添加一个新标记，并显示标记图形，如下右图所示。

步骤 04 设置标记名和标记类型。双击标记图形，打开"标记"对话框，重新输入标记名"背面"，选中"分段标记"单选按钮，单击"确定"按钮，如下页左图所示；将鼠

标指针移到"时间轴"面板中的播放指示器上，可以看到添加的标记及设置的标记名，如下右图所示。

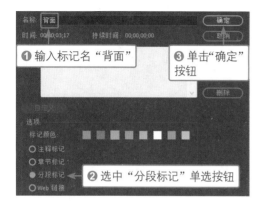

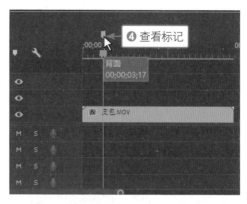

步骤 05 继续添加标记。继续应用相同的方法为视频添加多个标记，在"时间轴"面板中可以看到添加的标记，如右图所示。

5.3.2 拆分视频素材

对于拍摄的视频素材，可以在后期剪辑时将它拆分为两段或多段，以便选取其中需要的部分内容，或对某一段内容进行单独设置。在 Premiere Pro 中，拆分视频主要使用的是"剃刀工具"。前面在时间轴中为视频添加了多个标记，接下来参照标记位置，应用"剃刀工具"拆分视频素材。

步骤 01 选中第一个标记。单击时间轴上方的第一个标记图形，播放指示器将自动移到标记所在位置，如右图所示。

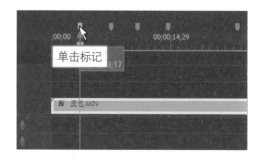

步骤 02 使用"剃刀工具"单击视频。单击"工具"面板中的"剃刀工具"按钮，将鼠标指针移到播放指示器位置并单击，将原视频素材拆分为两段，如下页图所示。

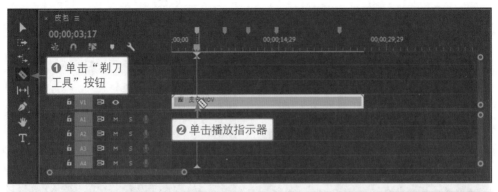

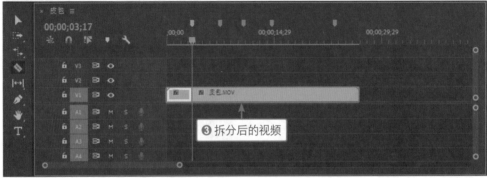

步骤 03 拆分序列中的视频。单击时间轴上的第二个标记，播放指示器自动移到相应的位置，应用"剃刀工具"在播放指示器所在位置单击，拆分视频，如下图所示。

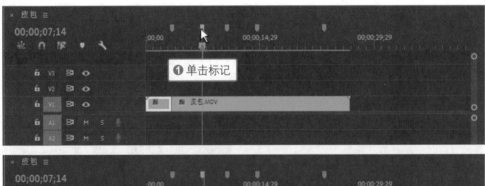

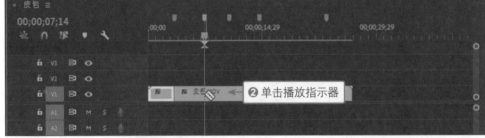

步骤 04 拆分出更多的视频片段。继续应用相同的方法，通过单击标记跳转到指定位置，然后使用"剃刀工具"拆分出更多视频片段，如下页图所示。

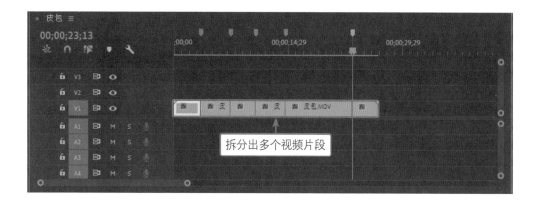

拆分出多个视频片段

5.3.3 删除视频片段

拆分视频素材后，可以将其中一些不需要的视频片段删除。在 Premiere Pro 中，要删除"时间轴"面板中的视频片段，只需要选中视频片段，然后按 Delete 键。

单击"工具"面板中的"选择工具"按钮，按住 Shift 键不放，依次单击要删除的视频片段，如下图所示。

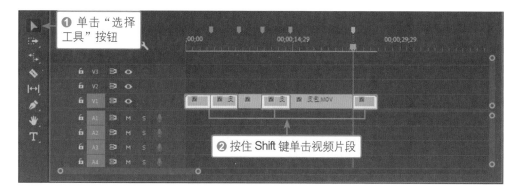

❶ 单击"选择工具"按钮

❷ 按住 Shift 键单击视频片段

按 Delete 键，被选中的视频片段都将从时间轴中删除，删除后的效果如下图所示。

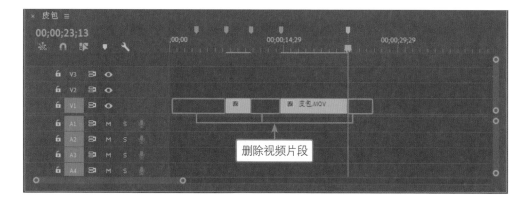

删除视频片段

5.3.4 删除视频之间的空隙

  删除同一条视频轨道中的部分视频片段后，剩下的视频片段之间就会出现空隙。为了避免视频在播放时出现断点或黑屏，可使用"波纹删除"功能删除这些空隙。

  将鼠标指针移到两个视频片段之间的空隙位置并右击，在弹出的快捷菜单中执行"波纹删除"命令，如下左图所示；随后可看到两个片段之间的空隙被删除，效果如下右图所示。

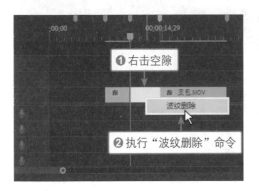 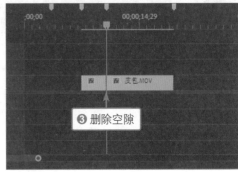

  将鼠标指针移到第一个视频片段前的空隙位置并右击，在弹出的快捷菜单中执行"波纹删除"命令，如下左图所示；随后可看到片段前的空隙被删除，效果如下右图所示。

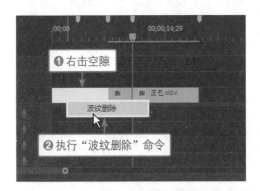 

技巧：拖动删除视频之间的空隙

  除了应用"波纹删除"功能删除视频片段之间的空隙外，还可以用"选择工具"选中其中一个视频片段，然后通过拖动的方式将两个视频片段连接起来，视频片段之间的空隙自然就不存在了。

5.3.5 复制/粘贴视频

要得到内容相同的多个视频片段，可以通过复制／粘贴功能来实现，具体方法有两种：第一种是执行"复制"和"粘贴"命令；第二种是按住 Alt 键的同时拖动视频片段。在 Premiere Pro 中可以同时复制并粘贴一个或多个视频片段，得到的视频片段的相对间隔（包括水平时间间隔及垂直轨道间隔）将保持不变。

单击"工具"面板中的"选择工具"按钮 ，在"时间轴"面板中选中视频轨道上的第一个视频片段，如下图所示。

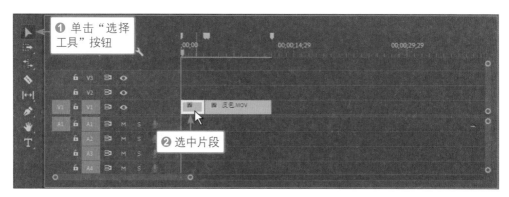

按住 Alt 键不放，将选中的视频片段拖动到第二个视频片段的后方，释放鼠标，即可创建第一个视频片段的副本，如下图所示。

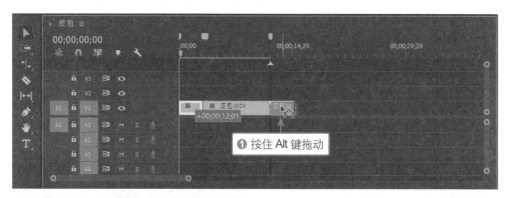

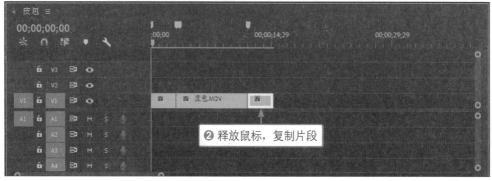

5.4 视频剪辑进阶技法

前面讲解的拆分视频、删除多余视频片段等属于比较基本的剪辑操作，本节则要讲解视频剪辑的进阶技法：为视频素材标记入点和出点，然后应用三点剪辑、四点剪辑技术在序列的现有视频素材之间插入另一段视频素材。

5.4.1 标记入点和出点

如果想要截取视频素材中的某一段内容，而又不想破坏原始的视频素材，则可以通过在视频素材中设置入点和出点的方式，从视频素材中选取需要的部分内容。入点是指选取视频片段的起点，出点是指选取视频片段的终点。入点和出点的设置都是通过"源"面板完成的。

素材 实例文件\05\素材\茶叶展示.mp4、冲泡.mov、泡制效果.mov

步骤 01 在"源"面板中打开视频素材。双击"项目"面板中的视频素材，如下左图所示；在"源"面板中打开视频素材，如下右图所示。

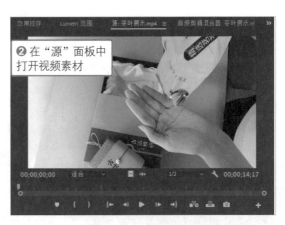

步骤 02 标记入点。要在视频素材中标记入点，可在"源"面板中将播放指示器拖动到所需的帧，然后单击"标记入点"按钮，如右图所示。

步骤 03 标记出点。要在视频素材中标记出点，可在"源"面板中拖动播放指示器到所需的帧，然后单击"标记出点"按钮█，如右图所示。

① 拖动播放指示器

② 单击"标记出点"按钮

5.4.2 三点剪辑

要得到一个较完整的视频作品，有时需要将多个镜头组合起来。如果要在序列中的一段视频中插入新视频，或者将部分内容替换为新视频，就需要在时间轴上分别为这两段视频指定插入或替换操作的入点和出点，共 4 个点。三点剪辑是指只确定其中的 3 个点，第 4 个点由软件根据其他 3 个点推算出来。下面以用一段新视频素材替换序列中视频的部分内容为例，介绍三点剪辑的方法。

步骤 01 将第一段视频拖动到时间轴。将鼠标指针放在"源"面板中"茶叶展示"视频素材的画面上，如下左图所示；然后将其拖动到"时间轴"面板，如下右图所示。

① 将鼠标指针移到视频画面上

② 将视频拖动到"时间轴"面板

步骤 02 设置序列中视频素材的入点和出点。在"节目"面板的监视器窗口中拖动播放指示器，单击"标记入点"按钮█，设置序列的入点，如下左图所示；再拖动播放指示器，单击"标记出点"按钮█，设置序列的出点，如下右图所示。

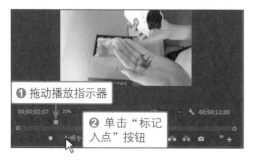

① 拖动播放指示器

② 单击"标记入点"按钮

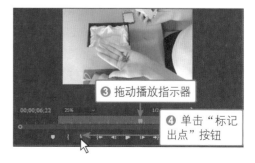

③ 拖动播放指示器

④ 单击"标记出点"按钮

步骤 03 在"源"面板中打开新视频素材。双击"项目"面板中的另一个视频素材"冲泡"，如下左图所示；在"源"面板中打开"冲泡"视频素材，打开后的效果如下右图所示。

步骤 04 在"源"面板中设置新视频素材的入点。在"源"面板中将播放指示器拖动到要设置为入点的位置，单击"标记入点"按钮，设置新视频素材的入点，如下图所示。

步骤 05 单击"覆盖"按钮，替换视频。至此，已完成三点剪辑中 3 个点的设置，单击"源"面板中的"覆盖"按钮，如下图所示。

步骤 06 替换序列中的视频内容，并调整其位置。随后软件会用"源"面板中的视频素材替换序列中入点到出点之间的视频内容，如右图所示；双击"节目"面板中的图像，调整图像的位置，如下页图所示。

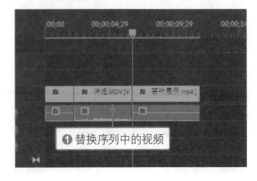

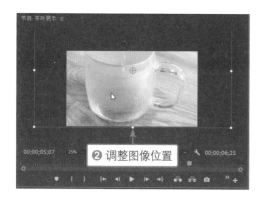

❷ 调整图像位置

5.4.3 四点剪辑

顾名思义，四点剪辑就是要确定插入或替换操作的 4 个点，即序列中现有视频素材的入点和出点及新视频素材的入点和出点。当这 4 个点都至关重要时，四点剪辑就会很有用。下面介绍用四点剪辑替换序列中视频的方法。

步骤 01 设置序列中视频素材的入点和出点。将"节目"面板中的播放指示器拖动到合适的位置，单击"标记入点"按钮▌，设置序列中视频素材的入点，如下左图所示；继续向右拖动播放指示器，单击"标记出点"按钮▌，设置视频素材的出点，如下右图所示。

❶ 拖动播放指示器

❷ 单击"标记入点"按钮

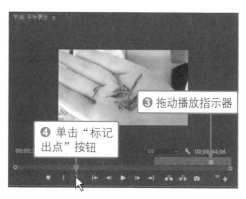

❸ 拖动播放指示器

❹ 单击"标记出点"按钮

步骤 02 在"源"面板中打开新视频素材。双击"项目"面板中的"泡制效果"视频素材，将其在"源"面板中打开，如右图所示。

❶ 双击素材

❷ 在"源"面板中打开视频素材

步骤 03 **在"源"面板中设置新视频素材的入点和出点。** 在"源"面板中向右拖动播放指示器，单击"标记入点"按钮，设置新视频素材的入点，如下左图所示；继续向右拖动播放指示器，单击"标记出点"按钮，设置新视频素材的出点，如下右图所示。

步骤 04 **覆盖视频，设置"适合剪辑"选项。** 至此，已完成四点剪辑中 4 个点的设置。单击"源"面板中的"覆盖"按钮，如下左图所示；因为序列中标记的入点到出点的持续时间与新视频素材中标记的入点到出点的持续时间不同，所以会弹出如下右图所示的"适合剪辑"对话框，单击对话框中的"更改剪辑速度（适合填充）"单选按钮，使两部分持续时间一致，单击"确定"按钮。

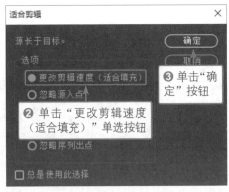

步骤 05 **替换序列中的视频内容。** 随后软件会用"源"面板中的视频素材完全替换序列中入点和出点之间的部分，替换后整个视频的长度没有变化，如下图所示。

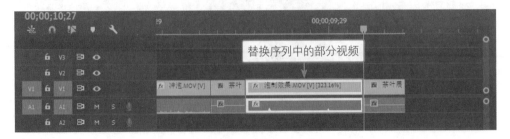

第6章

字幕与音频的添加

短视频的制作包括很多环节,其中添加字幕和音频是两项比较重要的操作。字幕和音频是短视频必不可少的组成要素,恰当的文字、契合视频情景的音乐,可以更好地帮助观众感受和理解作品。

80%

6.1 字幕与音频的基础知识

为短视频添加字幕和音频前，先要了解与之相关的基础知识，如字幕的概念和作用、如何为作品选择合适的音频等。

6.1.1 字幕的概念与作用

短视频的字幕泛指在视频作品后期加工制作过程中添加的文字形式的非影像内容，如介绍画面中人物或角色的文字、显示人物或角色对话内容的文字、辅助说明画面内容的文字等。

电视节目、电影作品的字幕一般出现在画面底部。而在短视频作品中，字幕出现的位置则更为多样化，字幕可以根据表现的内容出现在不同的位置，如下图所示。

短视频中的字幕可以对画面内容起到强调、提示、补充或说明等作用。合理地运用字幕可以增加画面的信息量，促进观众对画面内容的理解。此外，字幕作为画面中的艺术元素，本身也是形象直观的视觉符号，在画面中适时、适度地出现字幕，还能对画面起到一定的点缀作用。

6.1.2 优秀的字幕须满足的五大要求

为短视频作品添加的字幕必须满足准确性、一致性、清晰性、可读性和同等性五大要求，才能发挥应有的作用。

◆ **准确性**。准确性是指字幕一定要准确，不能出现错别字、病句、误用标点符号等低级错误。

◆ **一致性**。一致性主要是指字幕的呈现形式在整个作品中要保持一致，这对观众理解作品至关重要。例如，交代背景信息的文字统一使用一种字体格式，显示人物对话内容的文字则统一使用另一种字体格式。

◆ **清晰性**。字幕的清晰性也非常重要，作品中人物之间的谈话、作品的补充说明等内容，大多都是需要以清晰的字幕来呈现的。为了保证清晰性，优秀的字幕大多会从字体、字号、字间距等多个方面考虑，既要符合大多数人的阅读习惯，又要确保文字在背景上清晰、醒目。如下图所示的短视频中的字幕就为文字添加了描边效果，让文字在画面中显得更加清晰、易读。

◆ **可读性**。字幕需要观众主动阅读，所以字幕要停留得足够久，并应尽量与画面同步，同时不能遮盖画面的重要内容，这样的字幕才具备可读性。短视频的时长较短，字幕不能一闪而过，要给观众留出阅读、理解和记忆的时间。

◆ **同等性**。同等性是指字幕应完整地传达作品的内容和意图。优秀的字幕一定是在看完整个视频素材、理解作者创作意图的基础上再进行制作的，让视频画面与字幕完美契合。如下图所示为一个搞笑类视频，无论是视频画面，还是搭配的字幕都能体现其特点。

6.1.3　为作品选择合适的音频

音频的重要性绝不亚于画面。好的音乐、配音及逼真的音效能让整个作品呈现出别具一格的效果。那么，应该如何为短视频作品选择合适的音频呢？下面简单介绍几个重要的原则。

◆ **掌握作品的情感基调**。根据作品的主题及整体的情感基调，筛选出与作品中的人物、事物、情节等相匹配的音乐。例如，如果作品的主题是呈现壮丽的风景，那么可以选用大气磅礴的配乐；如果作品的主题是呈现日常生活的幸福一刻，那么可以选用轻快的音乐。

◆ **注意作品的整体节奏**。大部分短视频作品的节奏和情绪都是由音乐带动的。为了使音乐与视频内容更加契合，需要先分析视频画面的节奏，再根据整体的感觉寻找合适的音乐。总体来说，画面和音乐的节奏匹配度越高的作品越容易引起观众的情感共鸣，受到观众的喜爱。

◆ **不要让音乐喧宾夺主**。既然是短视频，那么自然是以画面为主，音乐只起到画龙点睛的作用。因此，为作品搭配音乐时，一定不能让音乐喧宾夺主。最好选用纯音乐，如果选用有人声演唱的歌曲，则其歌词也应与画面契合，能够在烘托意境或情绪的同时，不会让观众的注意力从画面转移到歌曲上去。

◆ **根据场景选择音效**。除了音乐之外，音效同样重要。逼真的音效能增强观众的代入感。针对不同的视频场景，需要添加不同的音效。例如，针对展示茶叶冲泡过程的画面，可以添加烧水声和倒水声等音效，给观众以身临其境的感受，提升他们的观看体验。

6.2　创建字幕文本对象

Premiere Pro 中添加字幕的方式有很多，比较常用的是使用"文字工具"或"垂直文字工具"。应用这两个工具创建字幕时，将在"时间轴"面板中得到一个形状图层，可以利用"基本图形"面板设置该图层中文本的字体、样式、外观等属性。

6.2.1　输入字幕文本

如果需要在短视频作品中添加少量字幕文本，可以使用"文字工具"或"垂直文字工具"。前者用于添加水平方向排列的字幕文本，后者用于添加竖直方向排列的字幕文本。这两个工具的使用方法也比较简单，选择工具后在"节目"面板中的视频图像上单击，然后输入所需的字幕文本。下面以"文字工具"为例讲解具体操作。

素材　实例文件\06\素材\烟花.mp4

步骤 01 打开剪辑，选择"文字工具"。打开需要添加字幕的剪辑素材，单击"工具"面板中的"文字工具"按钮 T，如右图所示。

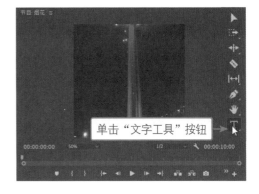

步骤 02 单击并输入文本。将鼠标指针移至"节目"面板中，当鼠标指针变为 T 形时，如下左图所示；单击并输入所需的字幕文本，如下右图所示。

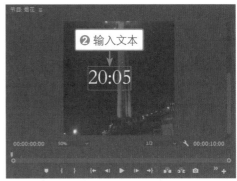

步骤 03 继续输入文本。将鼠标指针移到已添加的字幕文本下方，如下左图所示；单击并输入新的字幕文本，如下右图所示。

6.2.2　更改字幕属性

不同字体、大小的字幕能产生不同的视觉效果。用户可以根据作品的制作需求，在 Premiere Pro 的"基本图形"面板的"文本"选项组中设置字幕文本的字体、大小、字距等属性。

步骤 01 使用"选择工具"选中文本。单击"工具"面板中的"选择工具"按钮▶，选中文本"20:05"，如右图所示。

步骤 02 选择字体。打开"基本图形"面板，在"文本"选项组中单击"字体"下拉列表框右侧的下拉按钮，如下左图所示；在展开的列表中选择一种合适的字体，如下右图所示。

步骤 03 设置文本大小和字距。向右拖动"字体大小"滑块，设置"字体大小"为 72，将鼠标指针移到"字距调整"选项上，当鼠标指针变为 形时，按住鼠标左键不放并向右拖动，设置"字距调整"为 35，如下左图所示；在"节目"面板中会显示设置效果，如下右图所示。

步骤 04 设置另一个字幕文本的属性。单击"工具"面板中的"选择工具"按钮▶，选中文本"02/19"，如下左图所示；在"基本图形"面板的"文本"选项组中将"字体"设为 Square721 Cn BT，"字体样式"设为 Bold，如下右图所示。

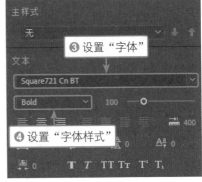

步骤 05 查看设置效果。在"节目"面板中查看设置字幕文本属性的效果，如右图所示。

6.2.3　更改字幕的对齐方式

字幕文本的对齐方式不同，画面呈现出的效果也不同。Premiere Pro 提供了多种对齐字幕文本的方式，如垂直居中对齐、水平居中对齐、顶对齐等。若要更改文本的对齐方式，只需选中文本，在"对齐并变换"选项组中选择所需的对齐方式。

步骤 01 选中字幕。单击"工具"面板中的"选择工具"按钮▶，按住 Shift 键不放，依次单击并选中"节目"面板中的两个字幕文本，如右图所示。

步骤 02 **水平居中对齐字幕**。打开"基本图形"面板，单击"对齐并变换"选项组中的
"水平居中对齐"按钮▣，如下左图所示；在"节目"面板中可看到两个字幕在整个视
频画面中均处于水平居中的状态，如下右图所示。

6.2.4　调整字幕外观

为了让字幕在画面中显得更加醒目，可以调整字幕的外观，如更改字幕颜色、为
字幕添加描边或阴影效果等。"基本图形"面板中的"外观"选项组提供了"填充""描
边""阴影"3 个选项，分别用于更改字幕颜色、为字幕设置描边、为字幕添加阴影。

步骤 01 **选中字幕，单击"填充"颜色框**。使用"工具"面板中的"选择工具"选中文
本"02/19"，如下左图所示；在"基本图形"面板的"外观"选项组中单击"填充"
左侧的颜色框，如下右图所示。

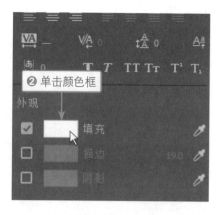

步骤 02 **在"拾色器"对话框中设置颜色**。打开"拾色器"对话框，在对话框中单击并
拖动颜色滑块，设置颜色色相，然后在色彩范围区域单击，设置颜色，最后单击"确
定"按钮，如下页左图所示；在"节目"面板中可看到为字幕文本设置填充颜色的效果，
如下页右图所示。

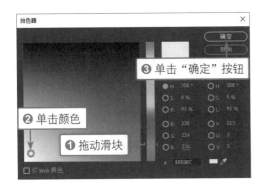 

步骤 03 启用 "阴影" 选项。勾选 "阴影" 左侧的复选框，启用 "阴影" 选项，如下左图所示；单击 "阴影" 左侧的颜色框，如下右图所示。

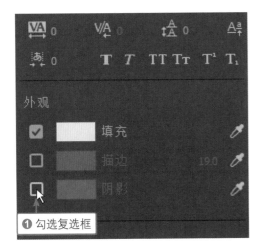 

步骤 04 在 "拾色器" 对话框中设置颜色。打开 "拾色器" 对话框，在对话框中单击并拖动颜色滑块，设置颜色色相，然后在色彩范围区域单击，设置颜色，最后单击 "确定" 按钮，如右图所示。

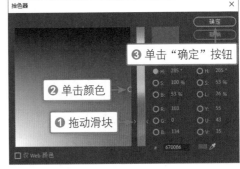

步骤 05 设置阴影属性。设置阴影的 "不透明度" 为80%，"距离" 为0，"大小" 为9.2，"模糊" 为181，如下页左图所示；在 "节目" 面板中查看设置后的字幕效果，如下页右图所示。

技巧：删除添加的阴影

　　为字幕添加阴影后，如果要删除添加的阴影效果，只需在"外观"选项组中
单击"阴影"复选框，取消其勾选状态。

6.2.5　创建滚动字幕

　　滚动字幕能够产生运动感，让画面效果更加丰富。滚动的方向可以是文本从画面
左侧向右侧滚动，也可以是文本从画面底部向顶部滚动。利用 Premiere Pro 中的"响
应式设计 - 时间"能够快速创建滚动字幕效果。

步骤01 取消字幕的选中状态，调整字幕持续时间。单击"节目"面板中的空白区域，
如下左图所示，取消字幕的选中状态；应用"选择工具"选中"时间轴"面板中的字幕，
将鼠标指针移至字幕右侧，当鼠标指针变为 形时，按住鼠标左键并向右拖动，延长
字幕的持续时间，如下右图所示。

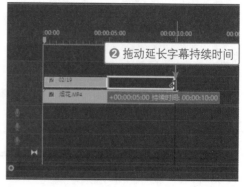

步骤02 设置"滚动"选项。在"基本图形"面板的"响应式设计 - 时间"选项组下勾选"滚

动"复选框,如下左图所示,启用该选项。单击"结束屏幕"复选框,取消其勾选状态,然后设置"预卷"为 00:00:00:20,"过卷"为 00:00:04:00,如下右图所示。

步骤03 预览滚动字幕效果。返回"节目"面板,单击"播放 - 停止切换"按钮▶,可看到在前 19 帧中未显示字幕,如下左图所示;当播放到第 20 帧时,字幕开始从画面底部向画面顶部滚动显示,如下右图所示。

6.3 创建标题字幕

除了使用"文字工具"创建字幕外,还可以使用"旧版标题"命令创建标题字幕。与"文字工具"不同的是,应用"旧版标题"命令创建的字幕会显示在"项目"面板中,如果要应用字幕,需要将它从"项目"面板拖到时间轴上。

6.3.1 输入标题文字

在 Premiere Pro 中执行"文件 > 新建 > 旧版标题"命令,将会打开一个字幕编辑窗口,在此窗口中可以用"工具"面板中的工具输入或选择字幕文本,还可以用"旧版标题属性"面板设置文字的大小、颜色等。

素材　实例文件\06\素材\护手霜1.mov、护手霜2.mov

步骤 01 执行"旧版标题"命令，打开字幕编辑窗口。执行"文件 > 新建 > 旧版标题"
命令，打开"新建字幕"对话框，在对话框中输入字幕名"商品名"，单击"确定"按钮，
如下左图所示；打开字幕编辑窗口，如下右图所示。

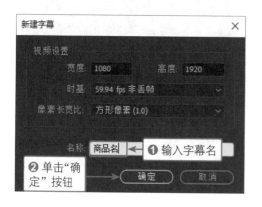
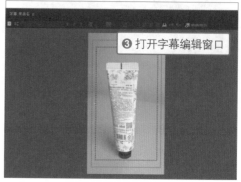

步骤 02 输入字幕文本。在字幕编辑窗口中，默认会选中"文字工具"。将鼠标指针移
到字幕编辑窗口中，当鼠标指针变为 I 形时，如下左图所示；单击并输入标题文本，
如下右图所示。此时由于默认的字体不支持中文，部分中文文本会显示为方框，需要
在后续步骤中通过设置字体让文本恢复正常显示。

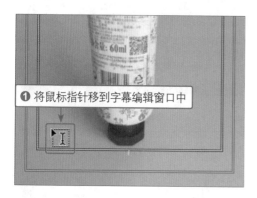
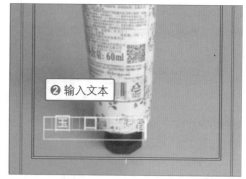

步骤 03 打开"工具"和"旧版标题属性"面板。单击字幕编辑窗口左上角的扩展按
钮 ≣，在展开的列表中执行"工具"命令，如下页左图所示；打开"工具"面板，再
应用相同的方法，执行"属性"命令，打开"旧版标题属性"面板，如下页右图所示。

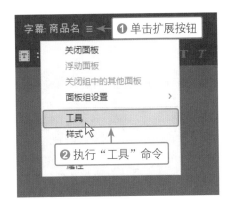 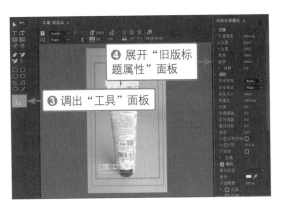

步骤 04 设置字幕属性。单击"工具"面板中的"选择工具"按钮▶,选中输入的文本,然后在"旧版标题属性"面板中设置字体为"方正黑体简体","字体大小"为 115,如下图所示。

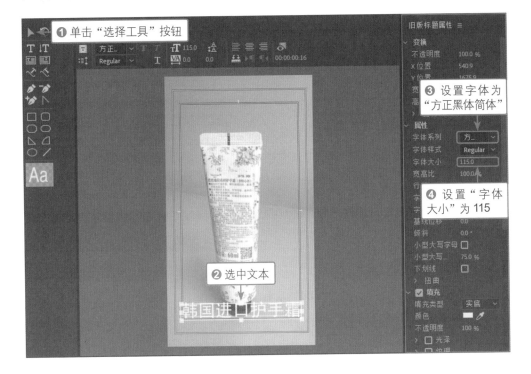

6.3.2 应用图形突出标题信息

为了突出视频画面中的字幕信息,可以利用字幕编辑窗口的"工具"面板中的"矩形工具""圆角矩形工具""椭圆工具"等图形绘制工具,在字幕文本下方绘制图形作为修饰。

步骤 01 绘制图形。单击"工具"面板中的"矩形工具"按钮■,在字幕文本上方按住鼠标左键并拖动，绘制一个矩形，然后在"旧版标题属性"面板中单击"填充"选项组中"颜色"右侧的颜色框，如下图所示。

步骤 02 更改图形填充色。打开"拾色器"对话框，在对话框中拖动中间的颜色滑块，设置颜色色相，然后在左侧的色彩范围区域单击，设置颜色，最后单击"确定"按钮，如右图所示。

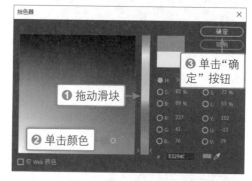

步骤 03 调整图形排列顺序。更改矩形的填充色后，使用"选择工具"选中矩形并右击，在弹出的快捷菜单中执行"排列 > 移到最后"命令，如下左图所示；将矩形移到字幕文本下方，如下右图所示。

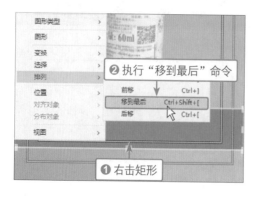

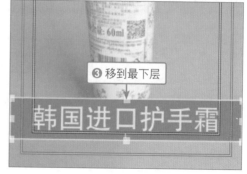

6.3.3 复制并更改标题内容

　　制作好一个字幕后，可以通过复制字幕的方式，快速创建出更多相似的字幕。利用"旧版标题"命令创建的字幕会显示在"项目"面板中，只需右击面板中的字幕，执行"复制"命令，就能快速复制字幕。然后根据制作需求，进一步调整字幕的名称、文本、格式等。

步骤 01 选中字幕，执行"复制"命令。在"项目"面板中选中"商品名"字幕并右击，在弹出的快捷菜单中执行"复制"命令，复制字幕，如下左图所示；得到"商品名 复制 01"字幕，如下右图所示。

步骤 02 更改字幕名。双击"商品名 复制 01"字幕的字幕名，如下左图所示；在输入框中输入新字幕名"质地轻盈，好吸收"，如下右图所示。

步骤 03 打开字幕编辑窗口，更改文本大小。双击"质地轻盈，好吸收"字幕，如下左图所示，打开字幕编辑窗口；单击"选择工具"按钮，然后选中矩形上方的文本对象，由于文本"质地轻盈，好吸收"超出了画面边缘，在"旧版标题属性"面板中将"字体大小"更改为102，缩小文本，如下右图所示。

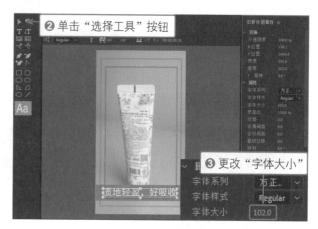

6.3.4　在时间轴中添加字幕

　　使用"旧版标题"命令创建好字幕后，如果需要在序列中应用字幕，那么需要将字幕从"项目"面板拖动到"时间轴"面板中的视频轨道上。随后可以根据视频的内容和持续时间，调整字幕开始和结束的时间。

步骤 01 拖动"商品名"字幕到时间轴。在"项目"面板中选中"商品名"字幕，将其拖动到"时间轴"面板中的视频轨道上，释放鼠标，在"节目"面板中可以看到字幕在视频画面中的显示效果，如下图所示。

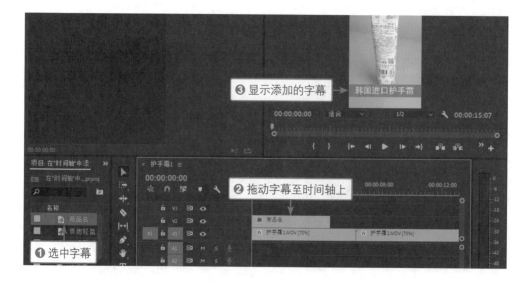

步骤 02 延长字幕持续时间。向左拖动"时间轴"面板下方的滑块，放大显示轨道，将鼠标指针移到"商品名"字幕的右侧，当鼠标指针变为▯形时，按住鼠标左键并向右拖动，延长字幕持续时间，使其与下方第一段视频的持续时间一致，如下图所示。

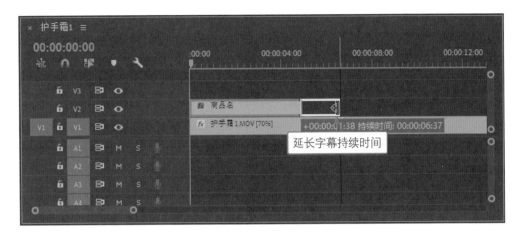

步骤 03 拖动"质地轻盈，好吸收"字幕到时间轴。在"项目"面板中选中"质地轻盈，好吸收"字幕，将其拖到"时间轴"面板中"商品名"字幕的后面，释放鼠标，然后拖动"节目"面板中的播放指示器至第二段视频，可以看到画面下方的字幕，如下图所示。

步骤 04 延长字幕持续时间。将鼠标指针移到"质地轻盈，好吸收"字幕的右侧，当鼠标指针变为 ⬛ 形时，按住鼠标左键并向右拖动，延长字幕持续时间，使其与下方第二段视频的持续时间一致，如下图所示。

6.3.5　设置渐隐的字幕效果

如果要让字幕文本的出现或消失显得不那么突兀，可为字幕设置渐隐效果，使文本逐渐显示或逐渐隐藏。在 Premiere Pro 中，通过为字幕添加关键帧，并指定关键帧的不透明度，就能轻松创建渐隐的字幕效果。

步骤 01 选中字幕，拖动播放指示器。用"选择工具"单击"时间轴"面板中的"商品名"字幕，然后将播放指示器拖动到剪辑开始的位置，如下图所示。

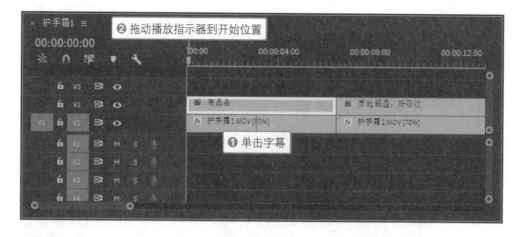

步骤 02 添加第一个关键帧,设置不透明度为 0。展开"效果控件"面板,单击"不透明度"右侧的"添加/移除关键帧"按钮 ,在字幕开始位置添加一个关键帧,然后设置不透明度为 0,如右图所示。

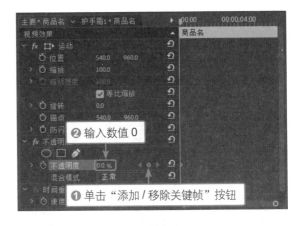

步骤 03 添加第二个关键帧,设置不透明度为 100%。向右拖动"效果控件"面板中的播放指示器,指定要添加关键帧的位置,然后单击"添加/移除关键帧"按钮 ,添加第二个关键帧,再设置不透明度为 100%,如右图所示。

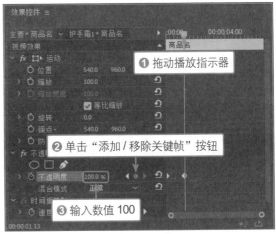

步骤 04 添加第三个关键帧。继续向右拖动"效果控件"面板中的播放指示器,指定要添加关键帧的位置,然后单击"添加/移除关键帧"按钮 ,添加第三个关键帧,如右图所示。

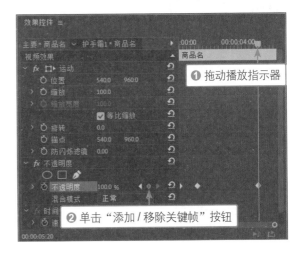

步骤 05 添加最后一个关键帧,设置不透明度为 0。继续向右拖动播放指示器至字幕快要结束的位置,单击"添加/移除关键帧"按钮 ,添加最后一个关键帧,然后设置不透明度为 0,如下页图所示。

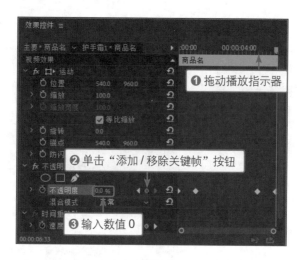

步骤 06 右击字幕，执行"复制"命令。接着通过复制字幕属性为另一个字幕设置相同的渐隐效果。右击"商品名"字幕，在弹出的快捷菜单中执行"复制"命令，如下图所示。

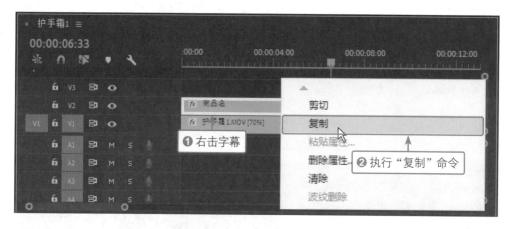

步骤 07 右击字幕，执行"粘贴属性"命令。右击"质地轻盈，好吸收"字幕，在弹出的快捷菜单中执行"粘贴属性"命令，如下图所示。

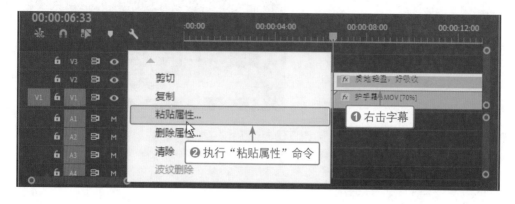

步骤08 播放视频，预览效果。弹出"粘贴属性"对话框，取消勾选"运动"和"时间重映射"复选框，如右图所示。单击"确定"按钮，粘贴属性。单击"节目"面板中的"播放 - 停止切换"按钮▶️，播放视频，如下左图所示；预览效果如下右图所示。

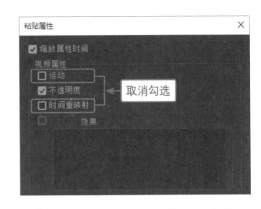

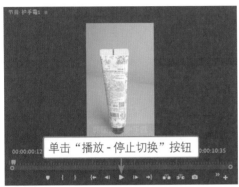

6.4 为短视频添加音频

短视频中音频的添加方式分为两大类：一类是以录制的方式添加音频，另一类是添加计算机中保存的音频素材。下面先讲解如何添加计算机中保存的音频素材。

6.4.1 导入音频素材

要在作品中使用计算机中保存的音频素材，首先需要将它导入到项目中，然后从"项目"面板将导入的音频素材拖动到"时间轴"面板中的音频轨道上，之后才能对它做进一步的编辑与设置。

素材 实例文件\06\素材\背景音乐.mp3

执行"文件 > 导入"命令，打开"导入"对话框，在对话框中选中需要导入的音频素材，单击"打开"按钮，如下页左图所示；该音频素材就会被添加至"项目"面板，如下页右图所示。

在"项目"面板中选中导入的音频素材，将其拖动到"时间轴"面板中的音频轨道上，释放鼠标，为作品添加音频素材，如下图所示。

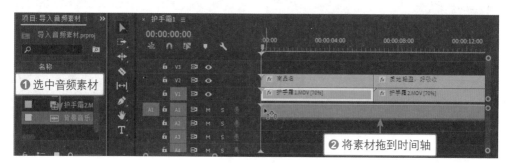

6.4.2 设置音频的播放速度和持续时间

与视频轨道中的视频素材一样，我们可以对添加到音频轨道中的音频素材的播放速度和持续时间进行调整。下面讲解具体方法。

右击音频轨道中的音频素材，在弹出的快捷菜单中执行"速度/持续时间"命令，如下图所示。

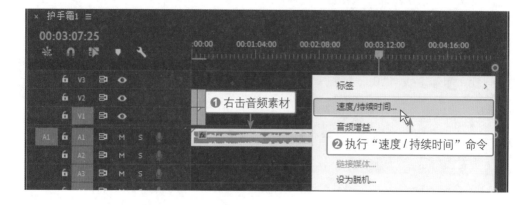

打开"剪辑速度/持续时间"对话框,这里要表现舒缓的效果,因此在"速度"文本框中输入数值70,勾选"保持音频音调"复选框,单击"确定"按钮,如下左图所示;返回"时间轴"面板,可看到音频素材的持续时间被延长,如下右图所示。

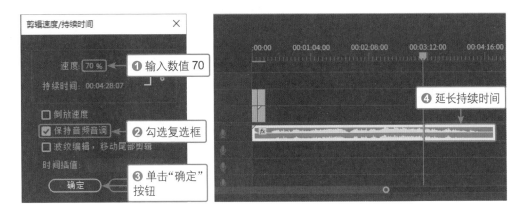

6.4.3 分割和删除音频

短视频作品的视频与音频的持续时间应当保持一致,当音频的持续时间过长时,可以对音频进行分割操作。在 Premiere Pro 中,应用"剃刀工具"就可以轻松分割音频素材,然后删除无用的音频片段,即可将需要的音频片段应用到作品中。

步骤01 用"剃刀工具"分割音频素材。应用"选择工具"选中音频轨道中的音频素材,单击"工具"面板中的"剃刀工具"按钮 ◆,将鼠标指针移至"时间轴"面板 A1 音频轨道的素材上,当出现一条黑色竖线时单击,将音频素材分割成两段,如下图所示。

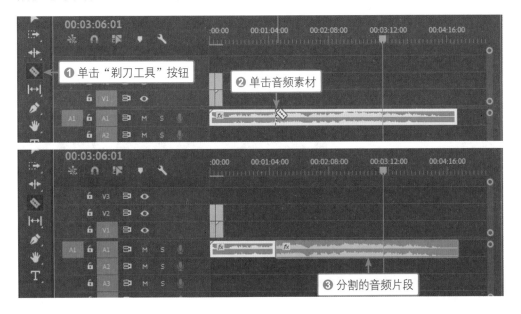

129

技巧：单独分割视频或音频

如果添加到"时间轴"面板中的剪辑同时包含视频和音频，可以应用"剃刀工具"单独分割剪辑中的视频或音频。若要分割视频，则按住 Alt 键在视频轨道中单击；若要分割音频，则按住 Alt 键在音频轨道中单击，如右图所示。

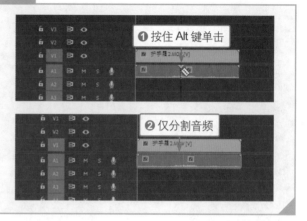

步骤 02 删除第一个音频片段。按 Delete 键，删除第一个音频片段。此时，A1 音频轨道上只剩下分割后的第二个音频片段，如下图所示。

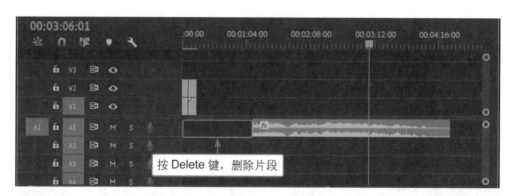

步骤 03 调整剩下的音频片段的位置。单击"工具"面板中的"选择工具"按钮▶，选中剩下的第二个音频片段，将其拖动到"时间轴"面板 A1 音频轨道的开始位置，如下图所示。

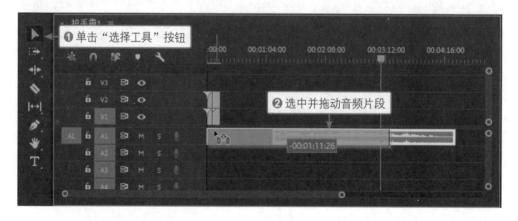

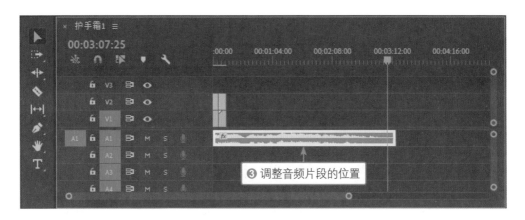

③ 调整音频片段的位置

步骤 04 再次分割音频片段。单击"工具"面板中的"剃刀工具"按钮 ◣，将鼠标指针移至音频与视频结束位置对齐的位置上，当出现一条黑色竖线时单击，再次将音频分割成两段，如下图所示。

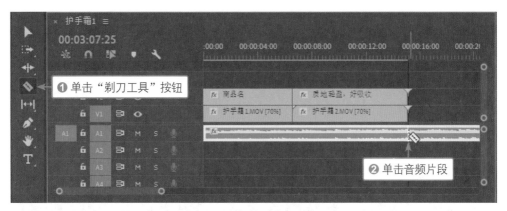

① 单击"剃刀工具"按钮

② 单击音频片段

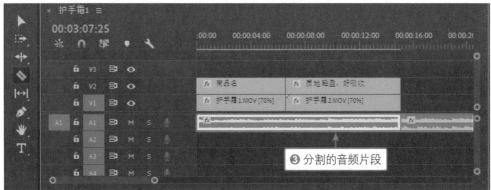

③ 分割的音频片段

步骤 05 选中并删除第二个音频片段。单击"工具"面板中的"选择工具"按钮 ▶，选中分割后的第二个音频片段，按 Delete 键，删除该片段，如下页图所示。此时，A1音频轨道上只剩下分割后的第一个音频片段。

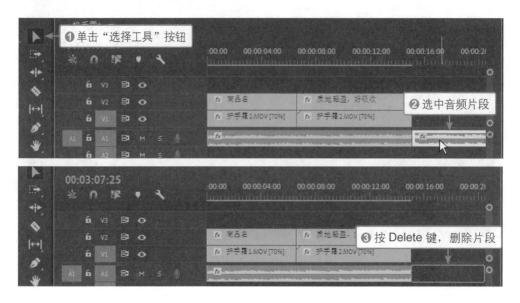

6.4.4 调整音量大小

合适的音量能够给观众带来更愉悦的体验。当需要同时播放多个音频时，如既要播放背景音乐，又要播放声音旁白，就需要为这些音频分别设定不同的音量。在 Premiere Pro 中，可以通过拖动音频素材上的贝塞尔线，调整音频音量的高低。

步骤 01 放大显示音频轨道中的素材。在"时间轴"面板中，将鼠标指针移至 A1 音频轨道左侧的空白位置并双击，放大显示 A1 音频轨道上的音频素材，可以看到音频素材中间有一条水平橡皮带，如下图所示。

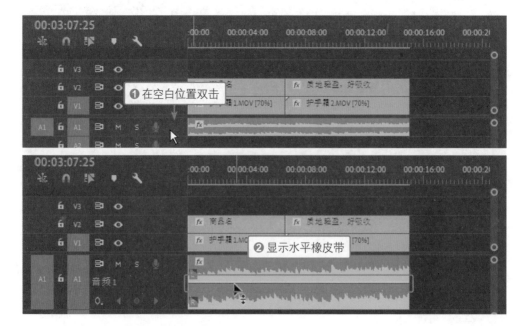

步骤 02 调节音频整体音量级别。将鼠标指针移至水平橡皮带上，当鼠标指针变为⬖形时，按住鼠标左键并向上拖动水平橡皮带，如下图所示。释放鼠标，提高音频整体音量。

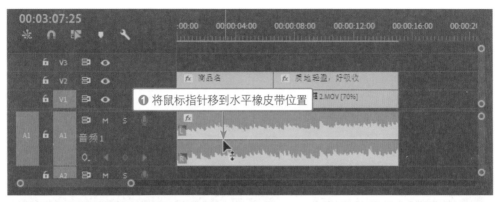

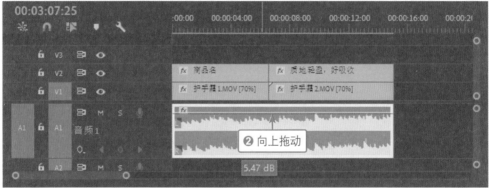

步骤 03 在音量调节的起始位置添加关键帧。如果想要从某一帧开始改变音量，先在"时间轴"面板中将播放指示器拖动到音量调节的起始位置，单击 A1 音频轨道上的"添加 / 移除关键帧"按钮🔘，添加音频编辑的第一个关键帧，在音频素材的贝塞尔线上会显示该关键帧，如下图所示。

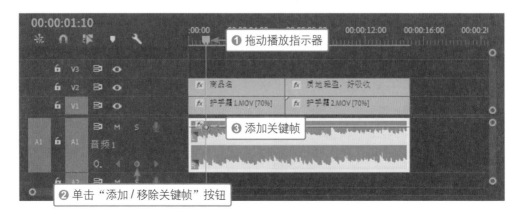

步骤 04 在音量调节的终止位置添加关键帧。在"时间轴"面板中继续向右拖动播放指示器到音量调节的终止位置，单击 A1 音频轨道上的"添加 / 移除关键帧"按钮，添加音频编辑的第二个关键帧，如下图所示。

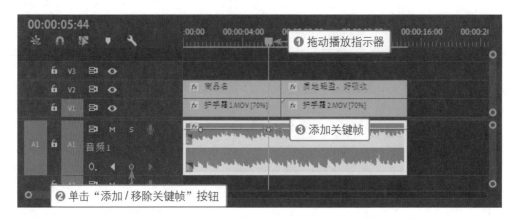

步骤 05 调整两个关键帧之间的音频音量。单击"工具"面板中的"钢笔工具"按钮，将鼠标指针移到两个关键帧的中间位置，按住鼠标左键并向下拖动，降低两个关键帧之间的音频音量，如下图所示。

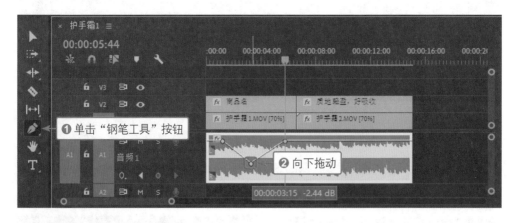

技巧：删除关键帧

如果要删除添加的关键帧，可先用"选择工具"选中要删除的关键帧，然后按 Delete 键，如下图所示。

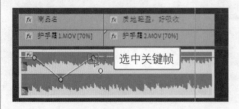

步骤 06 继续添加两个音频关键帧。继续向右拖动"时间轴"面板中的播放指示器到合适的位置，单击 A1 音频轨道上的"添加 / 移除关键帧"按钮，为音频添加第三个和第四个关键帧，如下图所示。

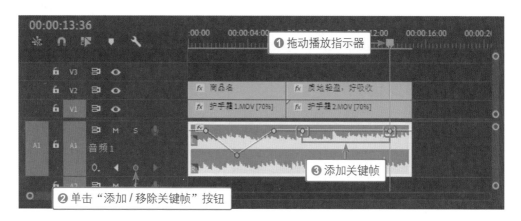

步骤 07 调整两个关键帧之间的音频音量。单击"工具"面板中的"钢笔工具"按钮，将鼠标指针移到两个关键帧的中间位置，按住鼠标左键并向下拖动，降低两个关键帧之间的音频音量，如下图所示。

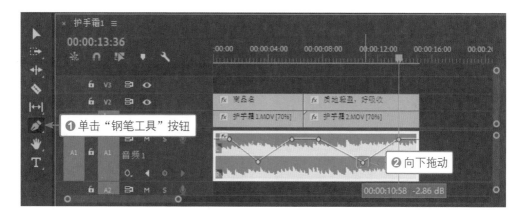

6.4.5　音频的淡入与淡出

因为短视频的时长都比较短，所以很多时候会从一个完整的音频素材中截取一段应用到作品中，这样就会导致音频听起来像是突然开始或突然停止，令人感觉比较突兀和生硬。为了避免这种情况，可以应用"音频过渡"功能为音频设置淡入或淡出效果。

步骤 01 在音频素材的开头添加"指数淡化"过渡。展开"效果"面板，单击"音频过渡"选项组中的"交叉淡化"展开按钮，在展开的列表中单击"指数淡化"过渡，将其拖动到"时间轴"面板中音频素材的开头，当鼠标指针显示为形时，释放鼠标，添加"指数淡化"过渡，如下页图所示。

步骤 02 设置"指数淡化"过渡的持续时间。添加"指数淡化"过渡后，会在音频素材的开始位置显示对应的过渡图示。单击"指数淡化"过渡图示，如下左图所示；将其在"效果控件"面板中打开，设置持续时间为 00:00:00:30，缩短过渡效果的持续时间，如下右图所示，完成音频淡入效果的设置。

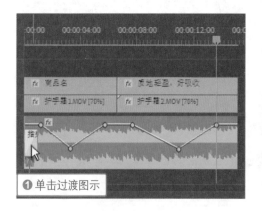

步骤 03 在音频素材的末尾添加"指数淡化"过渡。选中"效果"面板中的"指数淡化"过渡，将其拖动到"时间轴"面板中音频素材的末尾，如下页图所示。释放鼠标，再次添加"指数淡化"过渡。

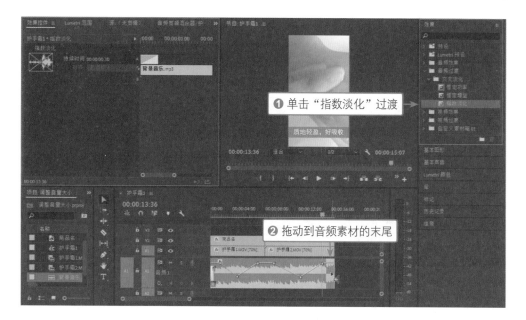

步骤04 设置"指数淡化"过渡的持续时间。添加第二个"指数淡化"过渡后，在音频素材的末尾同样会显示过渡图示，双击该过渡图示，如下左图所示；打开"设置过渡持续时间"对话框，在对话框中重新输入数值，更改过渡效果的持续时间，最后单击"确定"按钮，如下右图所示，完成音频淡出效果的设置。

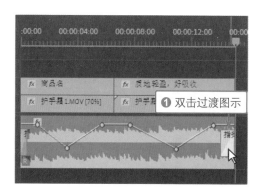

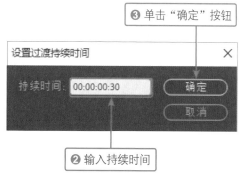

6.5 为短视频配音

　　上一节学习了如何添加计算机中保存的音频素材，本节接着来学习如何以录制的方式添加音频，也就是为短视频配音。为短视频配音需要借助外部的录音设备，如麦克风等。录制完声音后，还可以对其进行美化和降噪处理，优化表达的效果。

6.5.1 将画外音录制到音频轨道

为短视频配音的操作方法比较简单，只需将录音设备（如麦克风）连接到计算机，再在 Premiere Pro 中单击音频轨道中的"画外音录制"按钮。

步骤 01 选择输入设备为麦克风。执行"编辑 > 首选项 > 音频硬件"命令，打开"首选项"对话框，并展开"音频硬件"选项卡。单击"默认输入"下拉列表框右侧的下拉按钮，在展开的列表中选择"麦克风"选项，激活音频硬件，如下图所示。

步骤 02 单击"画外音录制"按钮，开始录制。在要添加画外音的音频轨道前单击"画外音录制"按钮🎙，开始录制声音，录制过程中在"节目"面板中会显示"正在录制"的提示文字，如下图所示。

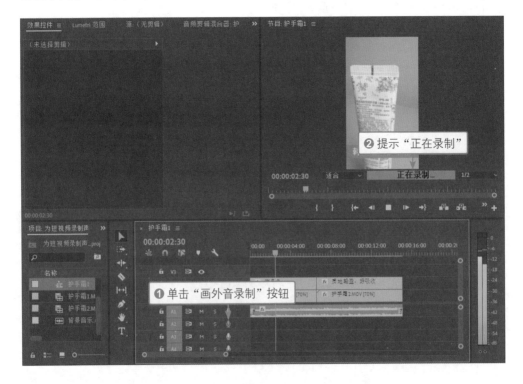

步骤 03 停止录制声音。录制完成后，再次单击"画外音录制"按钮🎤，停止录制，此时在音频轨道中会出现录制的声音素材，如下图所示。

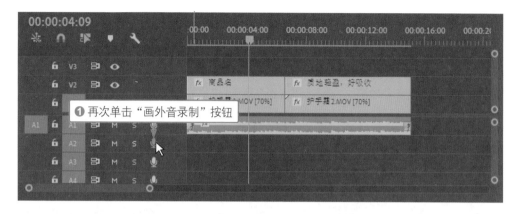

步骤 04 录制另一个声音素材。使用相同的方法，继续为第二段视频录制一段声音素材，如下图所示。录制完成后，分别选中两段录制的声音素材，将它们拖动到"时间轴"面板中需要播放的位置上。

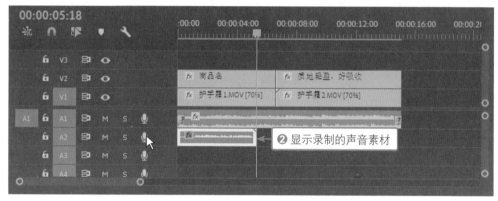

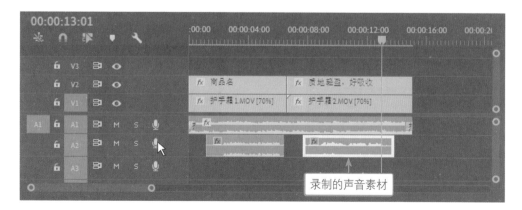

6.5.2 美化录制的音频素材

为短视频配音后，可应用"基本声音"面板对配音进行美化，如统一音量级别、修复声音、提高声音清晰度、为声音添加特殊效果等。在"基本声音"面板中，将音频剪辑分为"对话""音乐""SFX""环境"四大类，用户可根据要编辑的音频的类型进行选择。

步骤 01 选中录制的音频素材。单击"工具"面板中的"选择工具"按钮，选中 A2 音频轨道中的第一段录音，如下图所示。

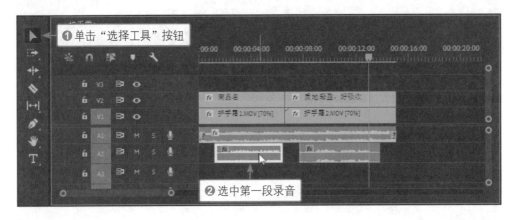

步骤 02 统一录音的响度。展开"基本声音"面板，单击面板中的"对话"按钮，如下左图所示；在"响度"选项组中单击"自动匹配"按钮，让录音具有统一的初始响度，如下右图所示。

步骤 03 设置录音的透明度，使录音更清晰。单击"透明度"，展开"透明度"选项组，向右拖动"动态"滑块，通过扩展录音的动态范围，将声音从自然效果更改为更集中的效果，如下页左图所示；单击"预设"下拉列表框右侧的下拉按钮，在展开的列表中选择"播客语音"选项，并勾选"增强语音"复选框，增强说话声，如下页右图所示。

6.5.3　去除噪声

　　使用麦克风为短视频配音时，难免会将一些不需要的嗡嗡声、风扇噪声、空调噪声等背景噪声一起录制下来。使用"音频效果"下的"降噪"效果能够降低或完全去除配音中的噪声。

步骤01 为第一段录音添加"降噪"效果。展开"效果"面板，单击"音频效果"下的"降噪"效果，将其拖动到"时间轴"面板中的第一段录音上，当鼠标指针变为 形时，释放鼠标，应用"降噪"效果，如下图所示。

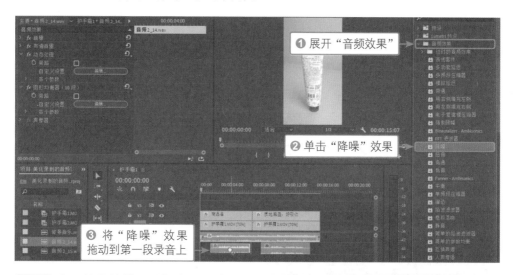

步骤02 在"效果控件"面板中设置选项。添加"降噪"效果后，展开"效果控件"面板，单击"各个参数"前的展开按钮，再单击"数量"前的展开按钮，将"数量"滑块向右拖动到最大值100%，最大限度地去除噪声，如右图所示。

141

步骤 **03** 复制设置的音频效果。右击第一段录音，在弹出的快捷菜单中执行"复制"命令，复制这段录音的属性，如下左图所示；使用"选择工具"选中第二段录音并右击，在弹出的快捷菜单中执行"粘贴属性"命令，将复制的音频属性粘贴到第二段录音上，如下右图所示。

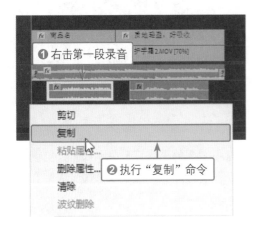
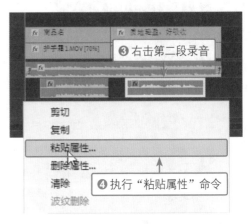

步骤 **04** 应用默认选项粘贴属性。弹出"粘贴属性"对话框，在对话框中不做更改，保持默认选项，直接单击"确定"按钮，如右图所示。

步骤 **05** 查看复制的音频效果。单击"工具"面板中的"选择工具"按钮 ▶，选中第二段录音，在左上角的"效果控件"面板中将显示复制的所有音频效果，如下图所示。

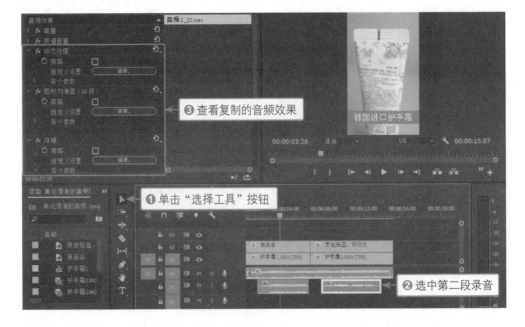

第 7 章

视频转场与特效

　　一个短视频作品通常不可能"一镜到底",而是由多段素材拼接而成的。如果在不同素材的衔接处不做任何处理,画面的切换就会显得生硬和突兀。为了带给观众更流畅的观看体验,可以通过为视频添加转场与特效,让画面的过渡变得自然、条理清晰。

80%

7.1 转场与特效的基础知识

在学习转场和特效的操作技法之前，先来了解相关的基础知识，如视频转场的原理、视频特效的概念及如何选择特效等。

7.1.1 视频转场的原理

短视频后期制作就是选取合适的视频素材片段并重新排列组合，而转场就是连接两段视频素材的方式。转场是一种特殊的滤镜效果，它在两个场景之间应用一定的技巧，如划像、溶解、卷页等，实现两个场景之间的平滑过渡，如下图所示。若转场效果运用得当，可以增加视频的观赏性和流畅性，起到锦上添花的作用。

转场的选择要根据视频表达的内容和应用转场的目的来进行。例如，视频要表达的内容的严肃性较强，那么应尽量避免应用转场，或者应用一些视觉效果不太明显和抢眼的转场；如果视频比较平缓，需要加快视频的节奏，那么可以应用一些视觉效果比较酷炫的转场。大多数视频编辑软件都提供丰富的转场预设，将这些转场预设拖动到视频素材的衔接处并适当设置选项，就能轻松完成各类转场效果的制作。

7.1.2 了解视频特效

视频特效不仅可以使枯燥无味的画面变得生动有趣，还可以弥补由于拍摄条件有限导致的一些画面缺憾，甚至实现一些使用现有设备无法拍出的效果，让作品变得更精彩、更吸引眼球。

常见的短视频特效有缩放拉镜特效、分色抖动特效、闪屏特效、怀旧老电影特效等。下图所示为一些视频特效的应用效果。

7.1.3 如何为视频选择合适的特效

目前，市面上大多数视频编辑软件都支持后期视频特效的制作，用户可以根据自己的需求为视频添加一种或多种特效。那么应该如何为视频选择合适的特效呢？下面将简单分析。

◆ **根据作品风格选择特效**。不同风格的短视频作品的表现方式不同，特效的应用应当与作品的内容相契合。例如，产品宣传类短视频可以应用酷炫的变形卡顿或快速闪屏特效；时尚美妆类短视频则可以应用梦幻复古特效，以获得更多女性观众的关注和青睐。

◆ **多看优秀的短视频作品**。对于很多才开始接触短视频创作的新手来说，视频特效的选择常常会是一个非常纠结的过程。一般来说，要想选择恰当的视频特效，要依靠敏锐的嗅觉及丰富的经验，需要多听、多想、多培养感觉。建议新手多看一些优秀的短视频作品，通过分析这些作品中应用的视频特效，从中找到适合自己作品定位的特效风格。

◆ **多花时间练习**。俗话说"熟能生巧"，想要自如地应用视频特效，要勤于练习。可以在视频编辑软件中逐一添加各种特效并更改选项，观察对视觉效果的影响。通过反复练习，摸清每种视频特效的特点和适用场合，这样在面对数量众多的视频特效时，就能胸有成竹地做出选择了。

7.2 使用视频转场

在 Premiere Pro 的"视频过渡"下有大量的视频转场效果，用户可以根据创作需求将其应用到作品中。

7.2.1 添加转场效果

Premiere Pro 将视频转场放置在"效果"面板的"视频过渡"组中。要在视频中使用这些过渡效果,只需在"视频过渡"中找到要应用的过渡,然后将它拖动到"时间轴"面板中的视频上。若要在两个视频之间放置过渡,则这两个视频必须在同一轨道上,并且它们之间没有间隔。

素材 实例文件\07\素材\鼠标1.mov～鼠标5.mov

步骤01 在"效果"面板中查找要应用的过渡。打开"效果"面板,单击"视频过渡"前的展开按钮,展开该组,如下左图所示;然后单击"3D 运动"前的展开按钮,在展开的列表中单击"立方体旋转"过渡,如下右图所示。

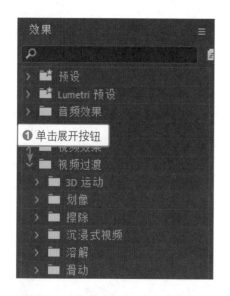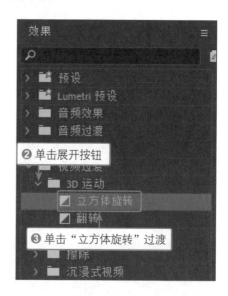

步骤02 将选中的过渡拖动到两个视频之间。按住"立方体旋转"过渡不放,将其拖动到"时间轴"面板中要添加过渡的两个视频之间,此时鼠标指针呈形,如下图所示。

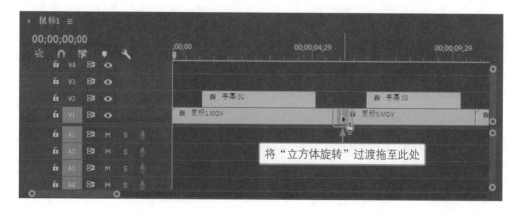

步骤 03 **应用过渡效果**。释放鼠标，即在两个视频之间应用了"立方体旋转"过渡，并显示过渡图示，如下图所示。

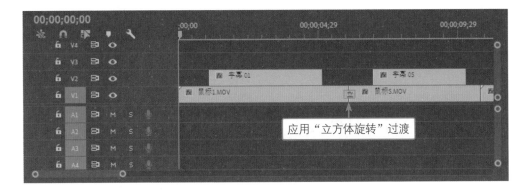

7.2.2 替换转场效果

如果对添加的转场效果不满意，可以单击过渡图示将其选中，按 Delete 键删除，再重新添加。另一种更常用的方法是从"效果"面板中将新的过渡效果拖动到序列中的现有过渡效果上进行替换。替换后，将保留旧过渡效果的对齐方式和持续时间，但是会消除旧过渡效果的设置，并使用新过渡效果的默认设置。

步骤 01 **选择用于替换的新过渡效果**。在"效果"面板中依次展开"视频过渡"下的"划像"，单击其中的"圆划像"过渡，如右图所示。

步骤 02 **将选中的过渡拖动到序列中已有的过渡上**。按住"圆划像"过渡不放，将其拖动到序列中已应用的"立方体旋转"过渡上，此时鼠标指针呈形，如下图所示。

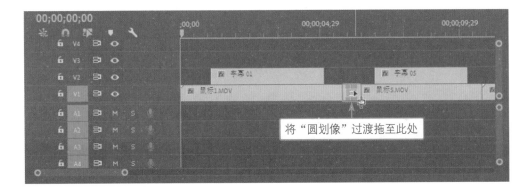

步骤 03 替换过渡效果。释放鼠标,原有的"立方体旋转"过渡即被替换为"圆划像"过渡,如下图所示。

7.2.3 更改转场效果的持续时间

在 Premiere Pro 中,每个视频转场都有默认的持续时间。对于已在视频中应用的转场,可以自由更改持续时间。需要注意的是,延长过渡的持续时间要求有足够的修剪帧来容纳更长的过渡。

①　在"时间轴"面板中更改持续时间

要更改过渡的持续时间,最简单的方法就是在"时间轴"面板中直接拖动。在"时间轴"面板中单击过渡图示,将鼠标指针移到过渡的起点或终点,鼠标指针将变为形或形,此时水平拖动鼠标,就可以快速调整过渡的持续时间,如下图所示。

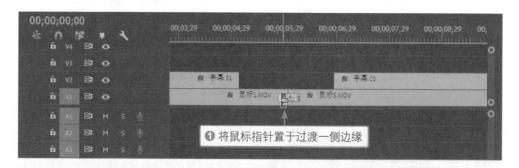

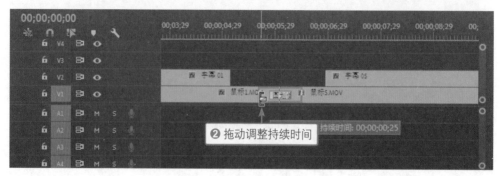

② 在"效果控件"面板中更改持续时间

如果想精确控制过渡的持续时间，则要使用"效果控件"面板。在"时间轴"面板中单击过渡图示，展开"效果控件"面板，如下图所示。

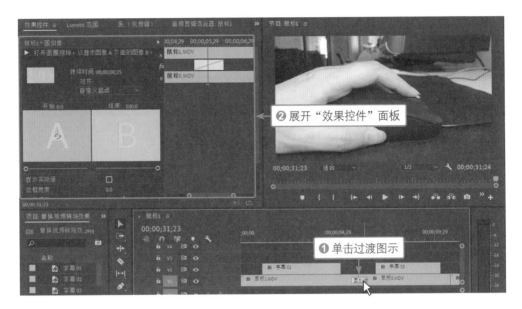

在"效果控件"面板中，将鼠标指针置于"持续时间"选项上，此时鼠标指针呈 🔄 形，如下左图所示；按住鼠标左键并拖动即可更改过渡的持续时间，如下右图所示。

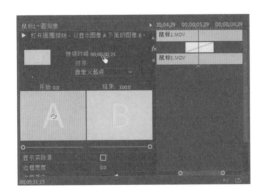

③ 在"设置过渡持续时间"对话框中更改持续时间

利用"设置过渡持续时间"对话框也可精确控制过渡的持续时间。在"时间轴"面板中双击过渡图示，会弹出"设置过渡持续时间"对话框。在对话框中可以用鼠标拖动调整持续时间，或者直接输入所需的持续时间值，设置完毕后单击"确定"按钮。

技巧：自定义过渡的默认持续时间

　　执行"编辑 > 首选项 > 时间轴"命令，打开"首选项"对话框，并切换到"时间轴"选项面板，更改"视频过渡默认持续时间"的值，如右图所示。更改时可根据需求选择持续时间的单位。需要注意的是，新的默认持续时间不会作用于已有的过渡。

7.2.4 调整转场效果的对齐方式

　　在"效果控件"面板中，应用"对齐"选项可以控制过渡的对齐方式，包括"中心切入""起点切入""终点切入""自定义起点"4 种。其中，"中心切入"是默认的对齐方式，在这种对齐方式下，转场效果在两段视频中分配的持续时间是相等的。其余几种对齐方式的含义结合操作步骤进行讲解。

步骤 01 选中已有的过渡。在"时间轴"面板中单击已有的"圆划像"过渡图示，展开"效果控件"面板，可以看到过渡的对齐方式为"中心切入"，如下图所示。

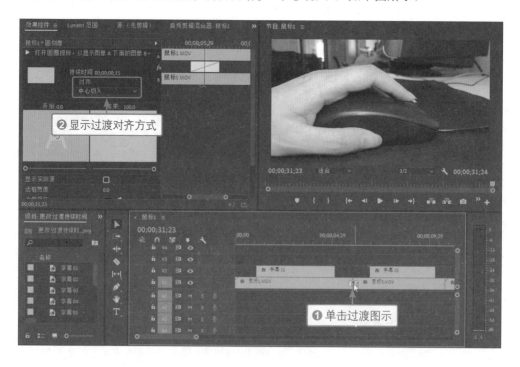

步骤 02 选择"起点切入"对齐方式。单击"对齐"下拉列表框的下拉按钮，在展开的列表中选择"起点切入"选项，如下左图所示；此时过渡的起点与后一段视频的起点对齐，如下右图所示。

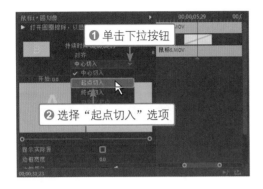

步骤 03 选择"终点切入"对齐方式。单击"对齐"下拉列表框的下拉按钮，在展开的列表中选择"终点切入"选项，如下左图所示；此时过渡的终点与前一段视频的终点对齐，如下右图所示。

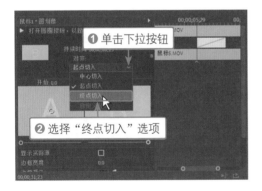
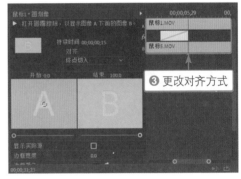

技巧：自定义过渡的对齐方式

在"时间轴"面板中选中过渡图示，按住鼠标左键并拖动，可以快速更改过渡的对齐方式，如下左图和下右图所示。调整完毕后，"效果控件"面板中的对齐方式将自动切换为"自定义起点"。

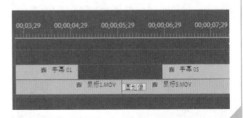

7.2.5　调整转场效果的中心位置

在 Premiere Pro 中，有一些转场默认是从画面的中心位置开始的，如"划像"中的几种过渡效果。用户可根据画面内容调整转场的开始位置，如从画面的左侧或某个指定区域开始转场。

更改转场中心位置时，单击"时间轴"面板中的过渡图示，打开"效果控件"面板，在面板的预览框中可看到以一个圆形指示的过渡的中心，如下图所示。

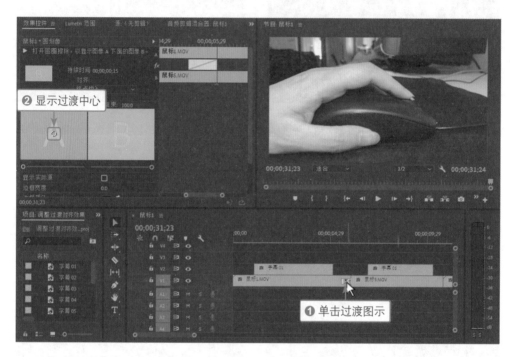

在"效果控件"面板中勾选"显示实际源"复选框，在预览框中显示前一段视频的结束帧图像和后一段视频的起始帧图像，如下左图所示；然后在预览框中拖动圆形，调整过渡的中心位置，如下右图所示。

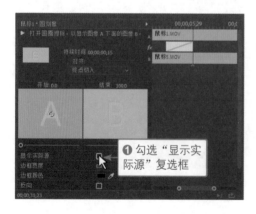

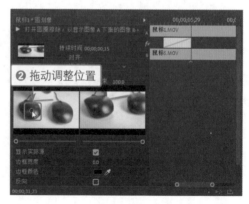

7.3 常用视频转场应用

Premiere Pro 中的转场分为"3D 运动""划像""擦除""沉浸式视频""溶解""滑动""缩放""页面剥落"8 类,每一类转场都有其独特的效果,但使用方法基本相同。下面介绍几种常用的转场效果。

7.3.1 溶解效果

"溶解"主要以淡化、渗透等方式产生过渡效果,包含"交叉溶解""叠加溶解""白场过渡""胶片溶解"等效果。下面以"白场过渡"为例,制作酷炫的双闪转场效果。

步骤 01 拖动播放指示器。在"时间轴"面板中将播放指示器拖动到两段视频素材的衔接处,如下图所示。

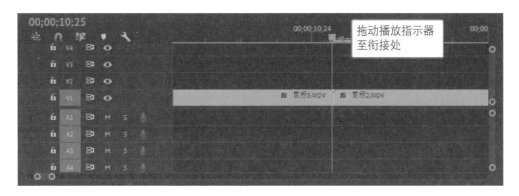

步骤 02 使用"剃刀工具"分割"鼠标 5"视频素材。连续按 4 次←键,向前移动 4 帧,单击"工具"面板中的"剃刀工具"按钮,将鼠标指针移至播放指示器所在位置并单击,分割视频,如下图所示。

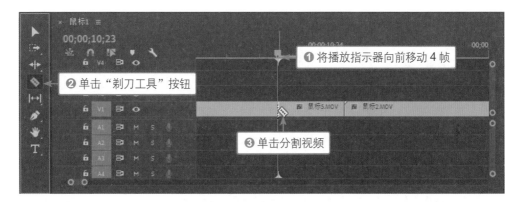

步骤 03 继续分割"鼠标 2"视频素材。连续按 8 次→键，向后移动 8 帧，单击"工具"面板中的"剃刀工具"按钮，将鼠标指针移至播放指示器所在位置并单击，分割视频，如下图所示。

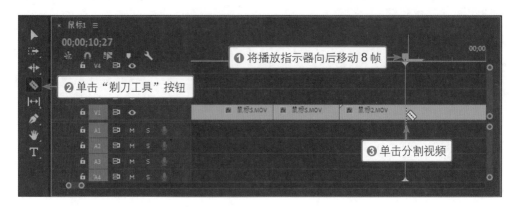

技巧：快速向前 / 向后移动帧

在 Premiere Pro 中，要向前或向后移动帧，可以借助键盘中的方向键来快速完成。按←键可将播放指示器向前移动 1 帧；按→键可将播放指示器向后移动 1 帧；按快捷键 Shift+←可将播放指示器向前移动 5 帧；按快捷键 Shift+→可将播放指示器向后移动 5 帧。

步骤 04 应用"白场过渡"。在"效果"面板中依次展开"视频过渡"下的"溶解"组，选中其中的"白场过渡"，拖动到"时间轴"面板中分割出来的第一段视频的末尾，鼠标指针变为◳形，如下图所示。释放鼠标，应用"白场过渡"。

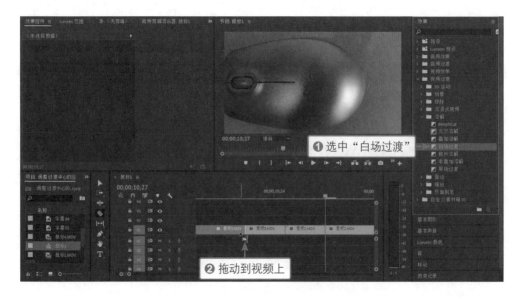

步骤 05 设置过渡选项。单击"时间轴"面板中的"白场过渡"图示,如下左图所示;打开"效果控件"面板,设置过渡的持续时间为"00:00:00:02",对齐方式为"中心切入",如下右图所示,将过渡应用于分割出来的第一段视频和第二段视频的中间位置。

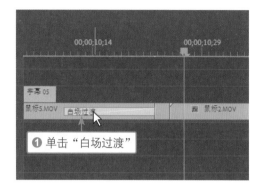

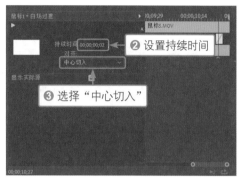

步骤 06 自定义过渡对齐方式。在"时间轴"面板中拖动"白场过渡"图示,重新自定义过渡的对齐位置,如下图所示。

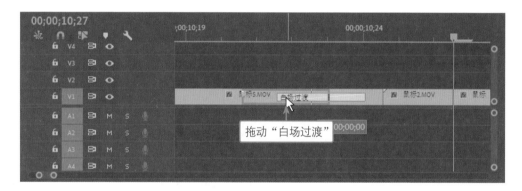

步骤 07 再次应用"白场过渡"。在"效果"面板中选中"白场过渡",如下左图所示;将其拖动到"时间轴"面板中分割出的第三段视频的前端,如下右图所示,当鼠标指针变为 形时,释放鼠标,应用"白场过渡"。

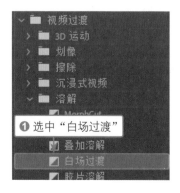

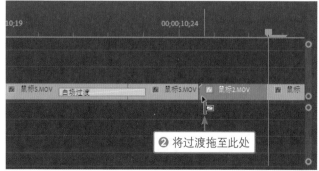

步骤 08 设置过渡选项。单击"时间轴"面板中的"白场过渡"图示，如下左图所示；打开"效果控件"面板，设置过渡的持续时间为"00:00:00:01"，对齐方式为"中心切入"，如下右图所示，将过渡应用于分割出来的第二段视频与第三段视频的中间位置。

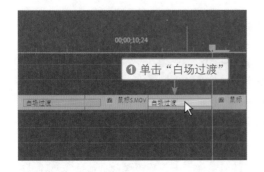
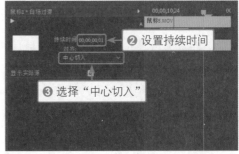

步骤 09 再次应用"白场过渡"。在"效果"面板中选中"白场过渡"，如下左图所示；将其拖动到"时间轴"面板中分割出的第四段视频的前端，如下右图所示，当鼠标指针变为 形时，释放鼠标，应用"白场过渡"。

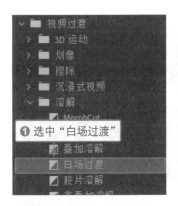
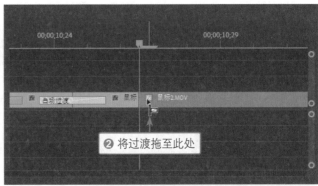

步骤 10 设置过渡选项。单击"时间轴"面板中的"白场过渡"图示，打开"效果控件"面板，设置过渡的持续时间为"00:00:00:02"，对齐方式为"中心切入"，如右图所示，将过渡应用于分割出来的第三段视频与第四段视频的中间位置。

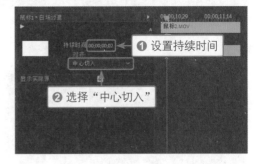

步骤 11 自定义过渡对齐方式。在"时间轴"面板中拖动"白场过渡"图示，重新自定义过渡的对齐位置，如下页图所示。

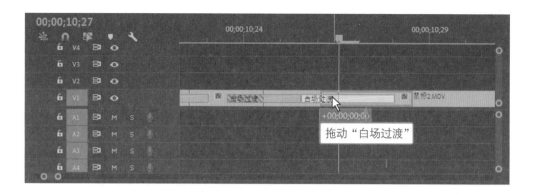

7.3.2 擦除效果

"擦除"主要通过将图像逐渐擦去来完成场景的转换,根据擦除方式的不同分为"划出""带状擦除""径向擦除""渐变擦除"等效果。下面以"渐变擦除"为例做一个比较简单的转场效果。

步骤 01 应用"渐变擦除"。在"效果"面板中依次展开"视频过渡"下的"擦除"组,选中其中的"渐变擦除"过渡,如下左图所示;将过渡拖到"时间轴"面板中视频的开始位置,如下右图所示,当鼠标指针变为 形时,释放鼠标,应用"渐变擦除"。

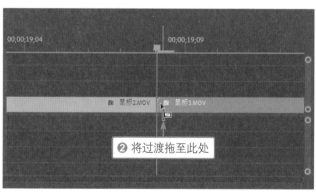

步骤 02 设置过渡选项。打开"渐变擦除设置"对话框,拖动"柔和度"滑块,调整过渡边缘的柔和度,单击"确定"按钮,如右图所示;打开"效果控件"面板,在面板中设置对齐方式为"中心切入",勾选"反向"复选框,如下页图所示。

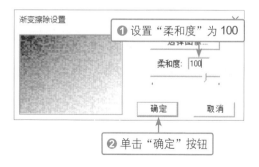

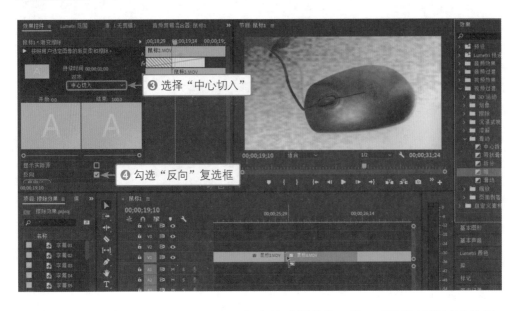

步骤03 预览过渡效果。在"时间轴"面板中拖动播放指示器，预览设置的过渡效果，如下图所示。

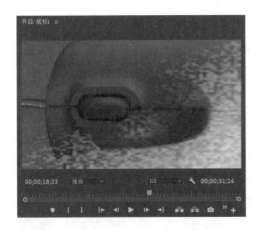 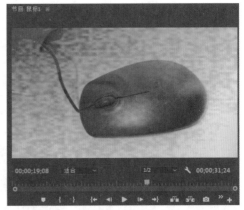

7.3.3 滑动效果

"滑动"主要以推动画面的方式完成场景的转换，包含"中心拆分""带状滑动""推"等效果。下面以"推"为例，制作短视频中常用的画面推动转场效果。

步骤01 应用"推"过渡。在"效果"面板中依次展开"视频过渡"下的"滑动"组，选中其中的"推"过渡，将其拖动到"时间轴"面板中的视频开始位置，如下页图所示，当鼠标指针变为📐形时，释放鼠标，应用"推"过渡。

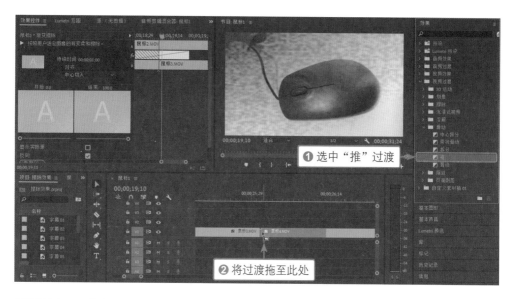

步骤 02 设置过渡选项。在"时间轴"面板中单击"推"过渡图示,如下左图所示;打开"效果控件"面板,在面板中设置过渡持续时间为"00:00:01:00",对齐方式为"中心切入",勾选"反向"复选框,如下右图所示。

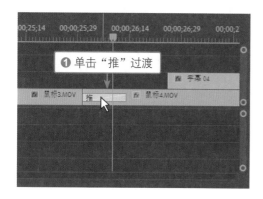

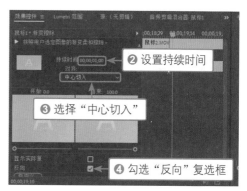

步骤 03 预览过渡效果。在"节目"面板中拖动下方的播放指示器,预览设置的"推"过渡效果,如右图所示。

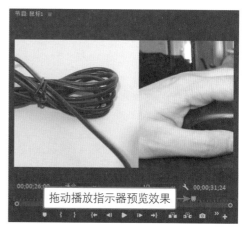

7.4　使用视频特效

　　要想做出吸引眼球的短视频作品，肯定少不了各种特效的应用。Premiere Pro 提供了大量的视频特效，合理运用这些特效可以产生丰富的画面效果，更好地表达创作者的创作意图。

7.4.1　添加视频特效

　　Premiere Pro 将视频特效分类存放在"效果"面板的"视频效果"组中，用户通过拖动的方式即可将特效添加到"时间轴"面板中的视频上。在同一段视频中可以同时应用多种视频特效。

> **素材**　实例文件\07\素材\猫咪1.mp4～猫咪5.mp4

　　打开"效果"面板，依次展开"视频效果"下的"图像控制"组，选中其中的"颜色平衡（RGB）"特效，如下左图所示；将其拖动到"时间轴"面板中的"猫咪1"视频上，此时鼠标指针会变为图形，如下右图所示。

　　释放鼠标，应用"颜色平衡（RGB）"特效,同时展开界面左上角的"效果控件"面板，在面板下方将显示添加的特效的选项，如右图所示。

7.4.2　编辑视频特效

　　特效的默认选项并不一定能满足创作需求，为了呈现更精彩的视频画面，需要利用"效果控件"面板进一步编辑特效。不同的特效在"效果控件"面板中有不同的选项。下面以前面添加的"颜色平衡（RGB）"特效为例讲解特效选项的编辑。

步骤 01 选中视频，设置特效选项。在"时间轴"面板中单击应用了"颜色平衡（RGB）"特效的"猫咪 1"视频，如下左图所示；打开"效果控件"面板，将"红色"和"绿色"设为 0，"蓝色"设为 100，如下右图所示。

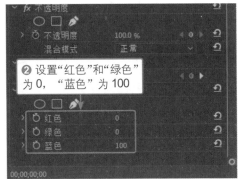

步骤 02 拖动复制视频。确保"猫咪 1"视频处于选中状态，按住 Alt 键不放，按住鼠标左键并向上拖动视频，如下左图所示；释放鼠标，在目标轨道中复制出一个"猫咪 1"视频，选中复制的视频，如下右图所示。

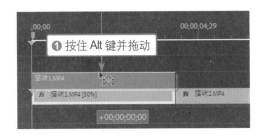
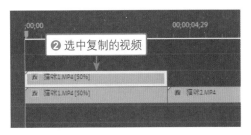

步骤 03 设置复制视频的特效选项。展开"效果控件"面板，将"红色"和"蓝色"设为 0，"绿色"设为 100，如下左图所示；在"混合模式"下拉列表框中选择"滤色"选项，再拖动播放指示器，单击"缩放"前的"切换动画"按钮，添加关键帧，如下右图所示。

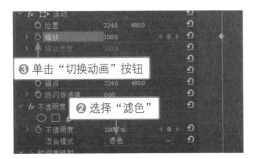

步骤 04 设置缩放关键帧。按快捷键 Shift+ →，向后移动 5 帧，单击"添加 / 移除关键帧"按钮，添加关键帧，将"缩放"值设为 110，如下左图所示；按快捷键 Shift+ →，向后再移动 5 帧，单击"添加 / 移除关键帧"按钮，添加关键帧，将"缩放"值设为 100，如下右图所示。

 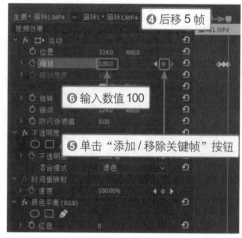

步骤 05 复制、粘贴关键帧。按住 Shift 键不放，选中后两个关键帧，按快捷键 Ctrl+C，复制关键帧，如下左图所示；按快捷键 Shift+ →，向后移动 5 帧，按快捷键 Ctrl+V，粘贴关键帧，如下右图所示。

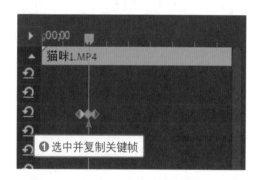 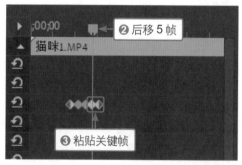

步骤 06 拖动复制视频。在"时间轴"面板中选中并拖动音频素材，调整素材位置。按住 Alt 键不放，按住鼠标左键并向上拖动，如下左图所示；释放鼠标，再次复制出一个"猫咪 1"视频，选中复制后的视频，如下右图所示。

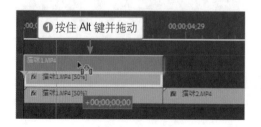 

步骤 **07** 设置复制视频的特效选项。在"效果控件"面板中将"红色"设为100,"绿色"和"蓝色"设为0,如下左图所示;单击"转到上一关键帧"按钮,选中第4个关键帧,将鼠标指针置于"缩放"上并拖动,将"缩放"设为105,如下右图所示。

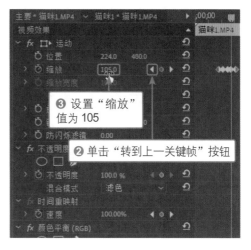

步骤 **08** 选择关键帧,更改"缩放"值。单击两次"转到上一关键帧"按钮,选中第2个关键帧,将鼠标指针置于"缩放"上并拖动,将"缩放"设为105,如下左图所示;拖动"节目"面板中的播放指示器,可以预览设置的特效,如下右图所示。

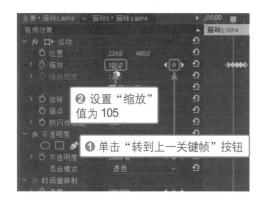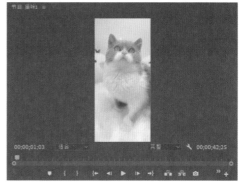

7.4.3 复制与粘贴视频特效

完成一个视频素材的特效设置后,如果想要在视频轨道中的其他视频素材上也应用相同的特效,可以通过复制与粘贴的方式来快速完成。

步骤 **01** 右击视频,执行"复制"命令。在"时间轴"面板中右击已添加了特效的视频素材,在弹出的快捷菜单中执行"复制"命令,如下页图所示,复制视频素材中设置的特效。

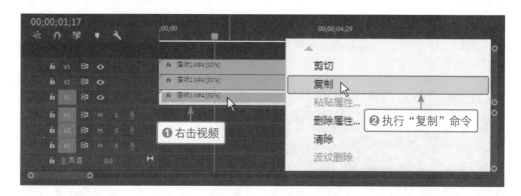

步骤 02 右击视频，执行"粘贴属性"命令。在"时间轴"面板中选中要粘贴特效的视频素材并右击，在弹出的快捷菜单中执行"粘贴属性"命令，如下图所示。

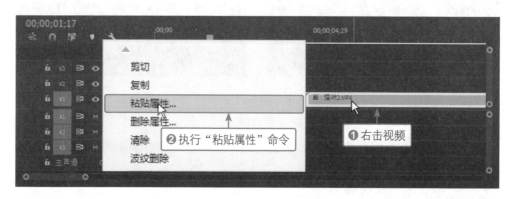

步骤 03 粘贴复制的属性。弹出"粘贴属性"对话框，在对话框中可以设置要粘贴的特效，这里应用默认设置，如右图所示。单击"确定"按钮，完成特效的粘贴。

7.4.4 删除视频特效

如果对添加的视频特效不满意，可以将其删除。如果当前选中的视频中同时应用了多种特效，那么可以根据需求选择删除某个特效或所有特效。

在"时间轴"面板中选中添加了特效的视频，在"效果控件"面板中选中要删除的特效，如下页左图所示；单击"效果控件"面板的扩展按钮 ☰，在展开的列表中执行"移除所选效果"命令，如下页右图所示。如果要删除多个特效，可按住 Ctrl 键依次单击选中多个特效。

执行删除操作后,在"效果控件"面板中不再显示被删除的特效,如右图所示。

技巧:快速删除视频特效

除了用"效果控件"面板的扩展菜单命令删除特效外,也可以直接按 Delete 键来删除选中的特效。

7.5 常用视频特效应用

"视频效果"组下有 100 多种视频特效,按功能特点分为"变换""图像控制""实用程序""扭曲"等几类。下面结合实例对其中常用的几种特效的应用和设置进行讲解。

7.5.1 模糊与锐化特效

"模糊与锐化"特效主要针对画面图像进行模糊或锐化处理。模糊效果可以让原本清晰的图像变得柔和和朦胧，甚至变得模糊不清。锐化效果则能增强图像的边缘，突显图像的细节。下面以"高斯模糊"为例讲解具体操作。

步骤 01 新建调整图层。单击"项目"面板，执行"文件 > 新建 > 调整图层"命令，如下左图所示；打开"调整图层"对话框，单击"确定"按钮，使用默认设置新建调整图层，如下右图所示。

步骤 02 将调整图层拖动到"时间轴"面板。将创建的调整图层从"项目"面板拖动到"时间轴"面板中的视频轨道上，应用"选择工具"选中调整图层，将鼠标指针移到一侧，当鼠标指针变为 形时，按住鼠标左键并拖动，调整持续时间，如下图所示。

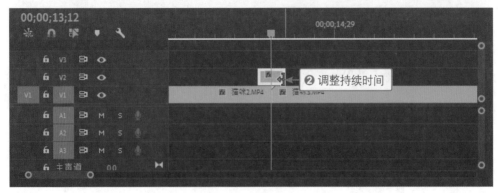

步骤 03 将"高斯模糊"特效添加到调整图层。选中"视频效果"下"模糊与锐化"组中的"高斯模糊"特效，如下左图所示；将其拖动到"时间轴"面板中的调整图层上，当鼠标指针变为形时，释放鼠标，如下右图所示。

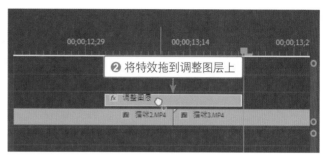

步骤 04 添加关键帧，更改模糊度。展开"效果控件"面板，设置"混合模式"为"变亮"，单击"模糊度"前的"切换动画"按钮，添加一个动画关键帧，如下左图所示；按两次快捷键 Shift+ ←，向前移动 10 帧，单击"添加 / 移除关键帧"按钮，添加关键帧，设置"模糊度"为 150，如下右图所示。

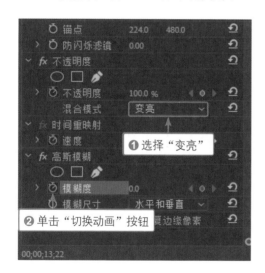

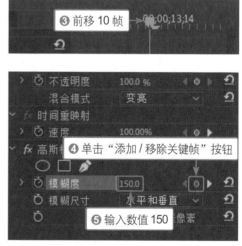

步骤 05 再次添加关键帧，更改模糊度。按两次快捷键 Shift+ ←，再向前移动 10 帧，单击"添加 / 移除关键帧"按钮，添加关键帧，设置"模糊度"为 0，如右图所示。

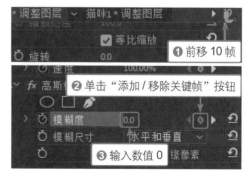

步骤 06 预览效果。在"节目"面板中拖动播放指示器，可看到视频画面从模糊逐渐变清晰的过程，如右图所示。

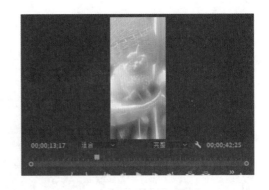

7.5.2 扭曲特效

"扭曲"主要通过对图像进行几何扭曲变形来让画面产生各种变形效果。下面应用"扭曲"中的"波形变形"特效制作一个波纹扭曲效果。

素材 实例文件\07\素材\背景音乐.mp3

步骤 01 添加调整图层并调整持续时间。创建一个调整图层，将其拖动到"时间轴"面板中两个视频之间的位置，然后将鼠标指针移到调整图层的一侧，当鼠标指针变为 形时，按住鼠标左键并拖动，缩短调整图层的持续时间，如下图所示。

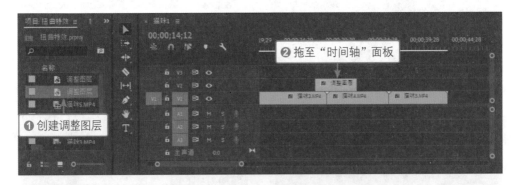

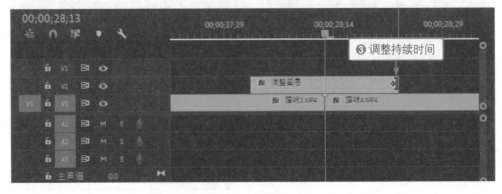

步骤02 将"波形变形"特效添加到调整图层。选中"视频效果"下"扭曲"组中的"波形变形"特效，如下左图所示；将其拖动到"时间轴"面板中的调整图层上，如下右图所示。

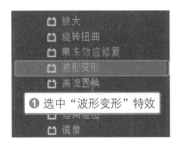
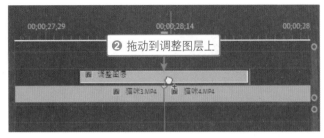

步骤03 添加关键帧，设置参数。展开"效果控件"面板，设置"固定"为"所有边缘"，依次单击"波形高度""波形宽度""波形速度"前的"切换动画"按钮，添加关键帧，如下左图所示；将"波形高度"设为20，"波形宽度"设为37，"波形速度"设为50，如下右图所示。

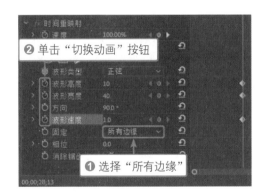
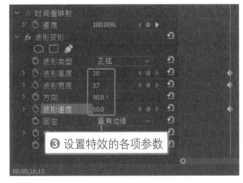

步骤04 重置参数，添加关键帧。设置后在"节目"面板中可看到扭曲的画面效果，如下左图所示；按两次快捷键 Shift+ ←，将播放指示器移到调整图层的开始位置，依次单击"波形高度""波形宽度""波形速度"右侧的"重置参数"按钮，将参数恢复为默认值，添加对应的关键帧，如下右图所示。

步骤 05 **选中并复制关键帧。** 选中调整图层开始位置的 3 个关键帧，如下左图所示；按快捷键 Ctrl+C，复制关键帧，按 4 次快捷键 Shift+ →，将播放指示器移到调整图层的结束位置，按快捷键 Ctrl+V，粘贴关键帧，如下右图所示。

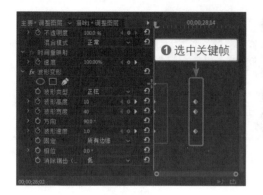
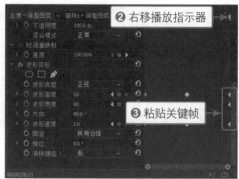

步骤 06 **复制调整图层，添加音乐。** 选中"时间轴"面板中应用了"波形变形"特效的调整图层，按住 Alt 键并拖动，复制调整图层，将其移到最后两个视频之间的位置，最后为视频添加背景音乐，使作品的效果更完整，如下图所示。

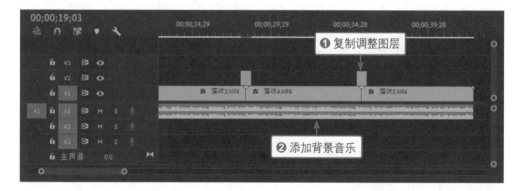

第 8 章

制作创意视频
片头

一个创意十足、制作精良的片头，不仅能增加短视频作品的设计感和美感，而且能成为一个极具辨识度的标签，提升作品的传播效果。

80%

8.1 视频片头的基础知识

为了让作品得到更多关注，越来越多的短视频创作者为自己的作品添加了片头。本节先介绍一些关于视频片头的基础知识，包括片头的重要性及片头的设计流程，然后带领大家认识片头制作的常用软件 After Effects。

8.1.1 视频片头的重要性

片头是放置在短视频作品开头的一段视频，通常用于烘托气氛或呈现作品信息。它是作品给观众留下的第一印象，因而具有非常重要的作用。

① 体现视频的风格与格调

片头作为短视频作品的一部分，是确定整个作品的风格与格调的关键。一段别出心裁的片头，不仅能够让观众眼前一亮，而且能够让观众了解作品的大致风格、主题与内容。

如下左图所示为一个科技类短视频作品的片头，如下右图所示则为一个教育类短视频作品的片头。两个片头的处理无论是颜色搭配还是图文的表现方式，都与作品要表现的内容形成统一的视觉效果，观众通过片头就能清楚这两个作品的风格。

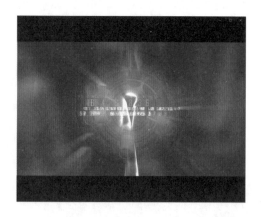
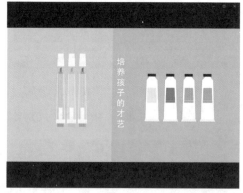

② 引起观众的兴趣

随着作品数量的急速增长，短视频创作领域出现了内容同质化的倾向。要让作品脱颖而出，得到更多关注，片头无疑是一个不可忽视的切入点。精彩的片头可以在短短几秒钟内吸引观众的眼球，激发观众对作品的兴趣，并让他们产生继续观看视频内容的意愿。

8.1.2 短视频片头的设计流程

精彩的片头无疑是对视频最好的包装，但是对于缺乏经验的短视频创作者来说，要制作出一个令人满意的片头无疑是比较困难的。下面就来讲解短视频片头的设计流程，帮助大家厘清片头的创作思路。

① 确定片头风格

要制作一个短视频片头，首先要做的是确定片头的风格。不同风格的片头会带给观众不同的感受。要确定片头的风格，可以从视频的主题、目标观众群体的特点和喜好等多个方面考虑。

② 收集素材

对片头有了清晰的风格定位后，就可以着手收集制作片头所需的素材。素材的收集渠道有很多，如自己拍摄或录制素材、通过网络下载素材、通过 Photoshop 和 Illustrator 等创作软件制作素材等。不管采用哪种方式收集素材，都要配合片头的风格和主题，尽量不使用与风格和主题无关的素材。

③ 创作画面

片头的画面效果直接关系到作品的成败。在这个阶段要明确片头的整体节奏和要应用的特殊效果等。片头画面的创作可分为背景画面创作和前景画面创作。

背景用于表现主体所处的环境，它可以起到衬托主体、营造气氛的作用；前景则具有暗示作品主题、突出主要内容、强化作品风格等作用。

片头画面一般会使用图形结合文字的设计形式。如右图所示为使用 After Effects 制作的片头画面。

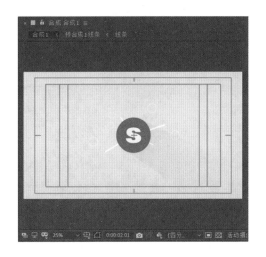

④ 搭配声音

在片头设计中，音乐和音效的运用也是传达信息、营造气氛与意境的重要手段。音乐和音效的风格应契合片头的题材与内容表现形式，同时要与作品的分类和风格定位相呼应，从而加强观众对作品的整体印象。

8.1.3 认识视频编辑软件After Effects

从专业角度来讲，推荐使用 After Effects 制作短视频片头。After Effects 是一款非线性视频编辑软件，其功能主要侧重于影片合成和特效处理。在 After Effects 中主要通过控制层来完成一些视频特效的制作。

安装 After Effects 后，双击其快捷方式图标就能启动软件。启动后的软件界面如下图所示，可以看到界面主要由菜单栏、"工具"面板、"合成"面板、"项目"面板、"时间轴"面板等部分组成。

菜单栏：按照功能分为"文件""编辑""合成"等9组菜单

"工具"面板：显示视频编辑常用工具，选择工具后会在右侧显示相关选项

"合成"面板：用来预览最终的合成效果，也可以用于控制和管理素材

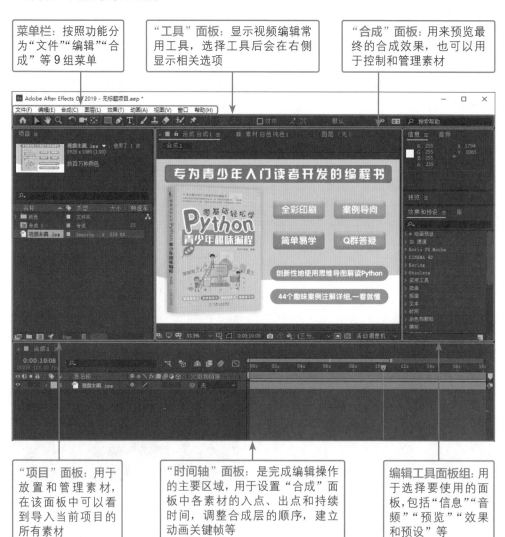

"项目"面板：用于放置和管理素材，在该面板中可以看到导入当前项目的所有素材

"时间轴"面板：是完成编辑操作的主要区域，用于设置"合成"面板中各素材的入点、出点和持续时间，调整合成层的顺序，建立动画关键帧等

编辑工具面板组：用于选择要使用的面板，包括"信息""音频""预览""效果和预设"等

8.2 导入和组织媒体

制作片头之前，先要整理需要使用的素材，这些素材可能是一段或几段视频和音频、几幅图像等。在 After Effects 中，应用"项目"面板可以快速导入素材，并完成素材的存储与管理操作。

8.2.1 新建项目并导入素材

创建项目是片头制作最基本的操作。创建项目后，就可以将项目中需要使用的素材导入"项目"面板。

> 素材　实例文件\08\素材\logo.png、片头音效.wav

步骤 01 创建新项目。启动 After Effects 软件，执行"文件 > 新建 > 新建项目"命令，如右图所示，新建一个空项目文件。

步骤 02 在项目中导入素材。创建新项目后，双击"项目"面板中的空白区域，如下左图所示；打开"导入文件"对话框，在对话框中按住 Ctrl 键依次单击选中需要导入的素材，然后单击"导入"按钮，如下右图所示。

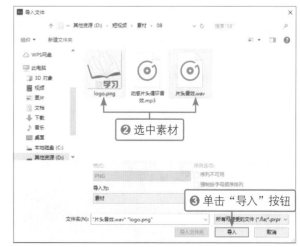

步骤 03 预览素材。在"项目"面板中会显示导入的素材，双击其中的一个素材，如下左图所示；可在"素材"面板中预览该素材的效果，如下右图所示。

8.2.2 替换项目中的素材

如果导入了错误的素材，或者在编辑过程中发现素材不合适，可以在"项目"面板中对素材进行替换。完成替换操作后，已添加到"时间轴"面板中的素材同样会被替换为新素材，但会保留关键帧等设置。

素材 实例文件\08\素材\动感片头循环音效.mp3

在"项目"面板中右击要替换的素材，在弹出的快捷菜单中执行"替换素材 > 文件"命令，如下左图所示；打开"替换素材文件"对话框，在对话框中选中用于替换的新素材文件，单击"导入"按钮，如下右图所示，即可用选中的新素材替换"项目"面板中的原素材。

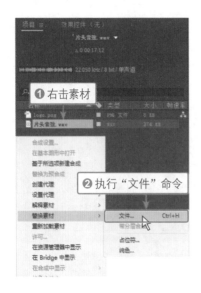
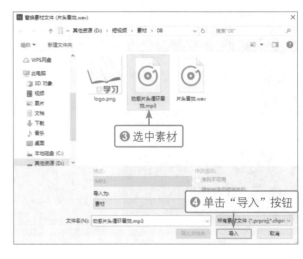

8.2.3 创建合成

合成是影片的框架，每个合成均有自己的时间轴。After Effects 中的合成类似于 Premiere Pro 中的序列，它与序列的不同之处在于：序列可以有多个，但只能使用一个主序列来创建视频；而合成可以有多个序列，并且用户还可以为各个合成制作不同的视频动画效果。

创建合成的方法很多，比较常用的方法是利用"合成"面板或"项目"面板来创建合成。下面利用"合成"面板创建一个新合成。

"合成"面板提供"新建合成"和"从素材新建合成"两种创建合成的方法。"新建合成"采用的是默认的参数设置，而"从素材新建合成"会根据素材中的参数设置创建合成。下面以"新建合成"为例，介绍如何快速创建合成。

步骤 01 **单击"新建合成"按钮。** 单击"合成"面板中的"新建合成"按钮（或者在菜单栏中执行"合成 > 新建合成"命令），如右图所示。

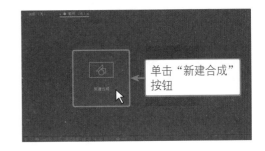

步骤 02 **设置合成选项。** 打开"合成设置"对话框，在"合成名称"文本框中输入合成名称"片头动画"，然后在"预设"下拉列表框中选择合适的预设大小，这里选择"HDTV 1080 24"选项，最后单击"确定"按钮，如下左图所示；随后会在"项目"面板中显示创建的合成，如下右图所示。

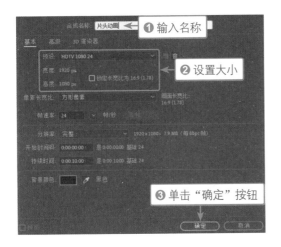

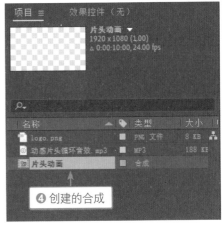

8.2.4　修改合成设置

　　虽然在创建合成时已对合成进行了设置，但是在编辑时还是可以修改已有合成的设置。大多数情况下是对合成名称、背景颜色等进行修改，不会对帧的长宽比和帧速率等进行修改，因为修改这些参数容易影响最终输出效果。

　　在"项目"面板中选中并右击一个合成，在弹出的快捷菜单中执行"合成设置"命令，如下左图所示；打开"合成设置"对话框，在对话框中就可以修改合成的参数，如下右图所示。

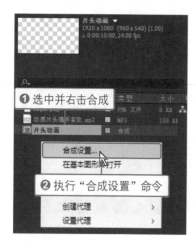
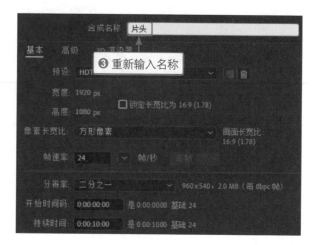

8.3　片头背景的处理

　　制作短视频片头时，需要根据视频的内容选择合适的背景。可以使用事先准备好的素材作为片头背景，也可以在 After Effects 中创建一个图层并对其进行编辑，制作出片头背景。

8.3.1　创建纯色背景图层

　　纯色背景在很多短视频片头中都有应用，它不但可以突出要表现的内容，还能给人一种干净、整洁的感觉。

　　创建纯色背景图层的常用方法有三种：一是在菜单栏中执行"图层 > 新建 > 纯色"命令；二是右击"时间轴"面板中的空白区域，在弹出的快捷菜单中执行"新建 > 纯色"命令；三是直接按快捷键 Ctrl+Y。下面以第二种方法为例进行讲解。

　　步骤 01 执行"纯色"命令，设置图层名称。将鼠标指针移到"时间轴"面板中的空白处，在弹出的快捷菜单中执行"新建 > 纯色"命令,如下左图所示;打开"纯色设置"对话框,在对话框中输入图层的名称"背景",单击"颜色"选项组下的颜色框,如下右图所示。

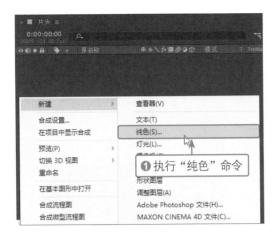 

步骤 02 设置纯色图层的颜色。打开"纯色"对话框,在对话框中将填充色设为白色,单击"确定"按钮,如下左图所示;返回"纯色设置"对话框,在对话框中可以看到颜色框中的颜色变为设置的白色,单击"确定"按钮,如下右图所示。

步骤 03 显示纯色图层的效果。这样便创建了一个名为"背景"的纯色图层。在"时间轴"面板左侧将显示创建的图层,如下左图所示;同时,在"合成"面板中也会显示创建的图层效果,如下右图所示。

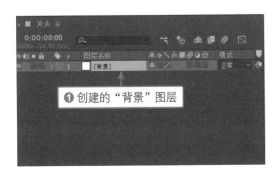 

8.3.2　在背景中应用效果

　　为了让背景与要制作的片头形成统一的风格，可以为背景添加合适的视频效果。After Effects 的"效果和预设"面板提供了多种效果，如更改图像的曝光度或颜色、扭曲图像、添加镜头光晕等，用户可以通过拖动或双击的方式将这些效果应用到创建的纯色图层中。下面使用"梯度渐变"效果调整背景的颜色。

步骤 01 在"效果和预设"面板中选择效果。展开"效果和预设"面板，单击"生成"前的展开按钮，如下左图所示；在展开的效果列表中选择"梯度渐变"效果，如下右图所示。

步骤 02 将效果拖动到"时间轴"面板中的图层上。将选中的"梯度渐变"效果从"效果和预设"面板拖动到"时间轴"面板中的"背景"图层上，此时鼠标指针变为形，如下图所示，释放鼠标，应用"梯度渐变"效果。

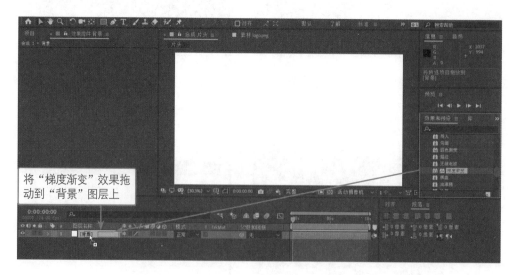

步骤 03 查看应用的效果。在"时间轴"面板中单击"背景"图层左侧的展开按钮，在展开的"效果"属性组中会显示添加的效果，如右图所示。

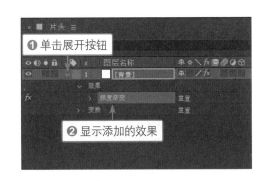

8.3.3 调整效果的参数

在图层中应用的效果会使用默认的参数设置，而在制作片头时，大多数情况下都需要调整效果参数来满足创作需求。对效果参数的调整主要在"效果控件"面板中进行。对图层应用效果后，就会在界面左上角展开该面板。不同的效果在"效果控件"面板中所显示的参数是不一样的，但其设置方法是类似的。

步骤 01 选择要设置效果的图层。如果"时间轴"面板中有多个图层，那么需要先选中要设置效果的图层，如右图所示。

步骤 02 设置渐变的起始颜色。在"效果控件"面板中单击"起始颜色"右侧的颜色框，如下左图所示；打开"起始颜色"对话框，在对话框的色彩范围区域单击，可设置颜色，也可在右侧的数值框中输入精确的颜色值，这里输入颜色值 R21、G10、B77，然后单击"确定"按钮，如下右图所示。

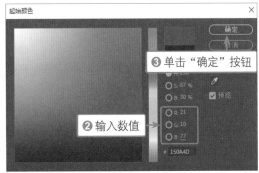

步骤 03 **设置渐变的结束颜色。** 在"效果控件"面板中单击"结束颜色"右侧的颜色框，如下左图所示；打开"结束颜色"对话框，输入颜色值 R0、G6、B19，然后单击"确定"按钮，如下右图所示。

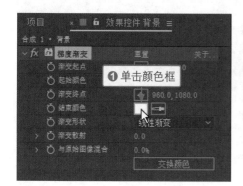 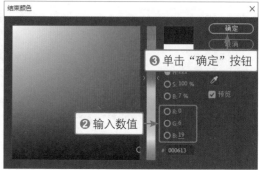

步骤 04 **设置渐变形状。** 单击"渐变形状"右侧的下拉按钮，在展开的列表中选择"径向渐变"选项，如下左图所示；在"合成"面板中会显示设置渐变颜色的效果，如下右图所示。

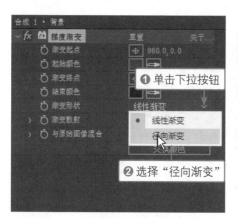 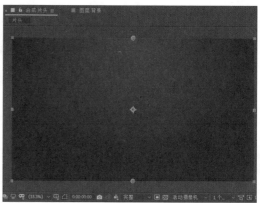

步骤 05 在"时间轴"面板中查看效果属性。展开图层的"效果"属性组，单击"梯度渐变"前的展开按钮，会显示"梯度渐变"效果的各项参数，如右图所示，在这里同样可以调整效果的参数。

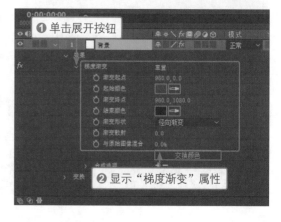

8.3.4　复制与粘贴效果

　　为一个素材添加并设置好一个效果后，如果需要对其他素材应用同样的效果，可以使用复制、粘贴的方法来快速完成。具体操作也很简单，只需选中图层中要复制的效果，执行"编辑 > 复制"命令，然后在要粘贴效果的目标图层上执行"编辑 > 粘贴"命令。

步骤 01 创建一个新图层。右击"时间轴"面板中的空白区域，在弹出的快捷菜单中执行"新建 > 纯色"命令，如下左图所示；在弹出的"纯色设置"对话框中应用默认参数，创建一个纯色图层，如下右图所示。

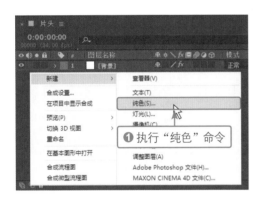

步骤 02 选中要复制的效果。展开"背景"图层，单击"效果"前的展开按钮，如下左图所示；在展开的"效果"属性组中选中要复制的"梯度渐变"效果，执行"编辑 > 复制"命令，或按快捷键 Ctrl+C，复制该效果，如下右图所示。

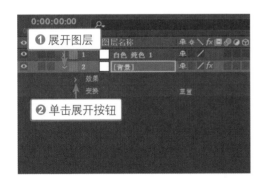
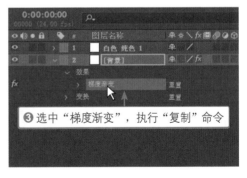

步骤 03 在目标图层上粘贴效果。在"时间轴"面板中选中要粘贴效果的目标图层"白色 纯色 1"图层，执行"编辑 > 粘贴"命令，或按快捷键 Ctrl+V，粘贴"梯度渐变"效果，如下页左图所示；随后在"白色 纯色 1"图层下方会增加"效果"属性组，其中包含粘贴的"梯度渐变"效果，如下页右图所示。

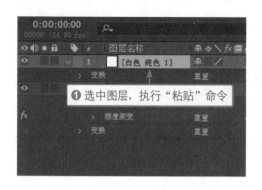
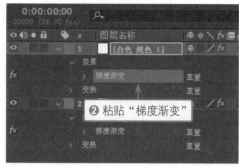

8.4 图形的设计

　　利用图形动画可以制作出风格独特的短视频片头。After Effects 提供了完整的图形编辑功能，用户可以在合成中绘制不同的图形，并为这些图形指定关键帧，制作出动态的图形效果。

8.4.1 在背景中绘制图形

　　要在片头中绘制图形，需要使用"工具"面板中的图形绘制工具，包括"矩形工具""圆角矩形工具""椭圆工具""多边形工具""星星工具"等。下面以"矩形工具"为例，讲解如何在"合成"面板中绘制图形。

步骤 01 选择"矩形工具"，设置填充选项。单击"工具"面板中的"矩形工具"按钮，显示"填充"和"描边"选项，单击"填充"选项，如下图所示。

步骤 02 设置填充效果。打开"填充选项"对话框，单击对话框中的"无"按钮，取消填充颜色，单击"确定"按钮，如右图所示。

步骤 03 设置描边选项。单击"描边"选项，如下图所示；打开"描边选项"对话框，在对话框中单击"纯色"按钮，然后单击"确定"按钮，如右图所示。

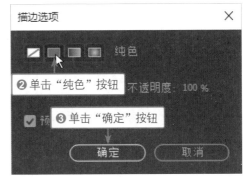

步骤 04 设置形状描边颜色。单击"描边"选项右侧的颜色框，如下图所示；打开"形状描边颜色"对话框，在对话框中的色彩范围区域内单击白色，单击"确定"按钮，如右图所示，将描边颜色设为白色。

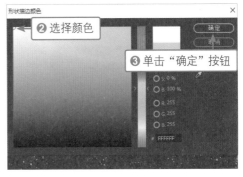

步骤 05 在"合成"面板中绘制图形。设置"描边宽度"为 20 像素，将鼠标指针移到下方的"合成"面板中，按住鼠标左键并拖动鼠标，绘制矩形，如下左图所示；在"时间轴"面板中得到"形状图层 1"图层，如下右图所示。

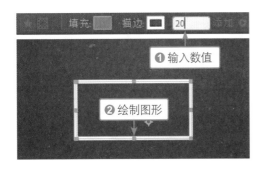

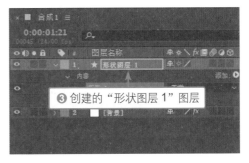

步骤 06 执行"重命名"命令。在"时间轴"面板中右击"形状图层 1"图层，在弹出的快捷菜单中执行"重命名"命令，如右图所示。

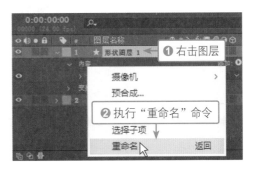

步骤 07 输入新的图层名称。在文本框中输入新的图层名称"白色矩形"，输入完毕后，单击"时间轴"面板中的空白区域，如下图所示，即可更改图层名称。

技巧：删除多余的图层

如果视频中有多余的图层需要删除，可以在"时间轴"面板中选中要删除的图层，然后按 Delete 键。

8.4.2 重新定位和对齐锚点

After Effects 中的动画效果都是以锚点为中心进行制作的。默认情况下，锚点位于当前合成的中心位置，可以使用"工具"面板中的"向后平移（锚点）工具"拖动位于合成中心的锚点，使其与图层可视边缘或中心位置对齐。

步骤 01 将图形移到画面的中心。在"时间轴"面板中选中更改名称后的"白色矩形"图层，单击"对齐"面板中的"水平对齐"按钮，如下左图所示；再单击"对齐"面板中的"垂直对齐"按钮，如下右图所示。

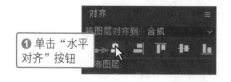

步骤 02 移动锚点。单击"工具"面板中的"向后平移（锚点）工具"按钮，勾选"对齐"复选框，然后单击图形中的锚点，将锚点向矩形的中心拖动，如右图所示。

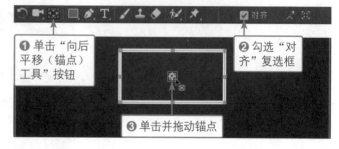

8.4.3　在形状图层中添加关键帧

在片头中加入图形后，还要让它动起来，才能快速吸引观众的注意力。创建图形动画需要使用关键帧。图形动画设计中的每一个镜头都是一个静态的关键帧，这个关键帧的创建和设置是在"时间轴"面板中完成的。

步骤 01 添加第一个关键帧，设置大小。将当前时间指示器拖动到视频的开头，依次展开"矩形 1"下的"矩形路径 1"的属性组，单击"大小"属性前的秒表图标，添加第一个关键帧，输入数值 0，再单击"约束比例"图标，取消链接，如右图所示。

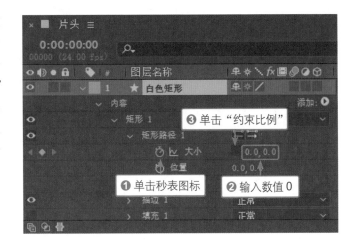

步骤 02 添加第二个关键帧，更改宽度和高度。将当前时间指示器拖动到 0:00:01:10 位置，设置"大小"属性的宽度为 600、高度为 5，设置后会在当前时间指示器所在位置添加第二个关键帧，并且"合成"面板中的图形显示为一条直线，如下图所示。

步骤 03 添加第三个关键帧，再次更改宽度和高度。将当前时间指示器拖动到 0:00:03:00 位置，将"大小"属性的宽度和高度均更改为 400，此时会在当前时间指示器所在位置添加第三个关键帧，并且"合成"面板中的图形变为正方形，如下图所示。

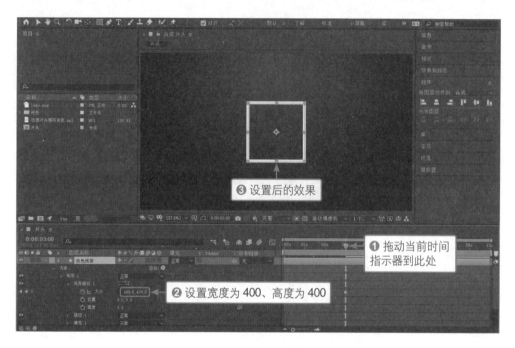

步骤 04 添加更多关键帧。将当前时间指示器分别拖动到 0:00:05:00、0:00:07:00 和 0:00:09:00 位置，依次将"大小"属性设为 700×300、800×500、300×300，添加更多关键帧，如下图所示。

8.4.4　复制与粘贴关键帧

在创建动画特效的过程中，可以利用复制和粘贴关键帧功能来快速创建多个具有相同参数的关键帧，提高工作效率。

步骤 01 选中并复制关键帧。在"时间轴"面板中选中包含关键帧的图层，然后在右侧的时间轴上选中需要复制的关键帧，如果要复制多个关键帧，则按住 Ctrl 键依次单击来选中多个关键帧。选中所需的关键帧后执行"编辑 > 复制"命令或按快捷键 Ctrl+C，即可复制选中的关键帧，如下页图所示。

步骤02 **粘贴关键帧**。将当前时间指示器拖动到要粘贴关键帧的位置，执行"编辑 > 粘贴"命令或按快捷键 Ctrl+V，在当前时间指示器所在位置粘贴关键帧，如下图所示。

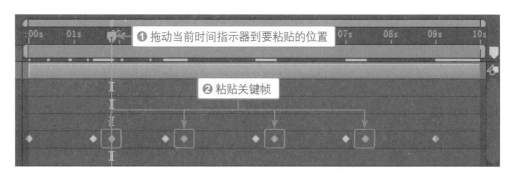

8.4.5 设置图形缓动效果

为了让制作的动画更加流畅，可以为动画设置缓动效果，让对象的运动逐渐加速或逐渐减速。

要设置缓动效果，先执行"动画 > 关键帧辅助 > 缓动"命令，或者右击选中的关键帧，在弹出的快捷菜单中执行"关键帧辅助 > 缓动"命令，将选中的关键帧转换为缓动关键帧，然后在"图表编辑器"中通过拖动曲线来自定义缓动。

步骤01 **选中关键帧，执行"缓动"命令**。在"工具"面板中选择"选择工具"，在"时间轴"面板中按住鼠标左键并拖动，选中图层中的所有关键帧，右击选中的关键帧，在弹出的快捷菜单中执行"关键帧辅助 > 缓动"命令，如下图所示。

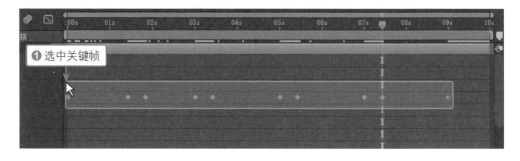

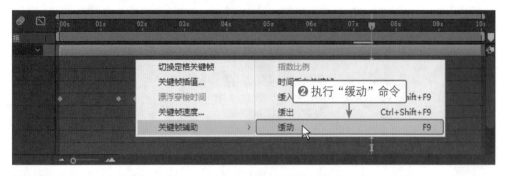

步骤 02 单击"图表编辑器"按钮。将选中的所有关键帧转换为缓动关键帧后，单击"图表编辑器"按钮，如下图所示。

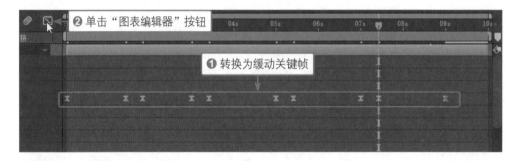

步骤 03 在"图表编辑器"中设置缓动曲线。在打开的"图表编辑器"中选中所有缓动关键帧，然后拖动关键帧下方的控制手柄，调整缓动曲线，更改运动的速度，如下图所示。

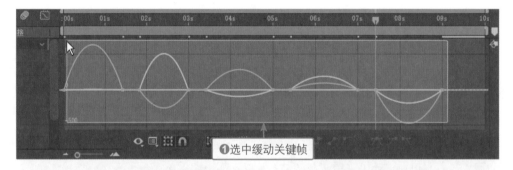

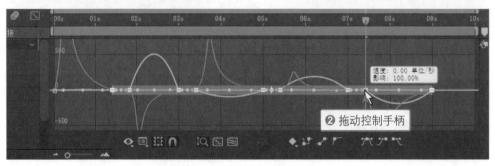

步骤 04 设置单个帧的缓动曲线。在"图表编辑器"中选中第四个关键帧,如下左图所示;向左拖动其下方的控制手柄,调整代表 y 轴的绿色曲线,如下右图所示。

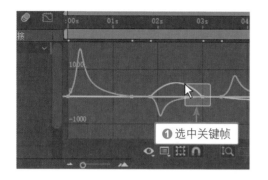
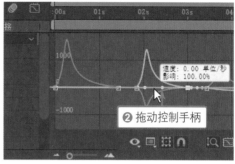

技巧:更改"图表编辑器"的类型

"图表编辑器"中默认显示的是值图表。可以单击"图表编辑器"下方的"选择图表类型和选项"按钮,在弹出的列表中单击"编辑速度图表"选项,将图表类型更改为速度图表,如下图所示。

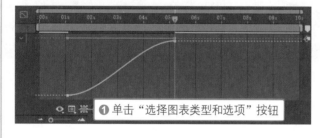
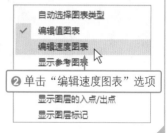

步骤 05 继续调整缓动曲线。继续使用相同的方法,分别选中另外几个关键帧,拖动控制手柄,调整绿色曲线,调整完毕后再次单击"图表编辑器"按钮,关闭图表编辑器,如下图所示。

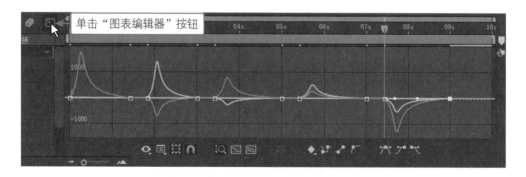

8.4.6 用修剪路径制作简单动画

修剪路径动画是片头中比较常用的一种动画，可以制作出视频加载进度条、速度仪表盘等效果。修剪路径通过在图层上添加路径，控制开始和结束的百分比来实现动画效果。在"时间轴"面板中选中需要设置修剪路径动画的图层，然后通过添加"修剪路径"属性来制作。

步骤 01 复制图层。在"时间轴"面板中选中"白色矩形"图层，如下左图所示；按快捷键 Ctrl+D，复制"白色矩形"图层，得到"白色矩形 2"图层，如下右图所示。

步骤 02 设置图形填充和描边效果。用"选择工具"选中复制的图形，在"工具"面板中设置"描边宽度"为 30 像素，单击"描边"右侧的颜色框，打开"形状描边颜色"对话框，在对话框中输入颜色值 R219、G9、B64，将描边颜色更改为红色，单击"确定"按钮，关闭对话框并查看设置效果，如下图所示。

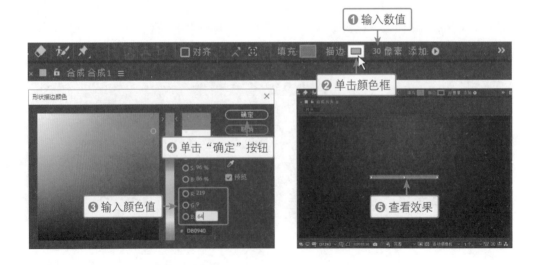

步骤 03 执行"修剪路径"命令。单击"白色矩形 2"图层前的展开按钮，在展开的"内容"属性组中单击"添加"按钮，在弹出的列表中单击"修剪路径"选项，如下图所示。

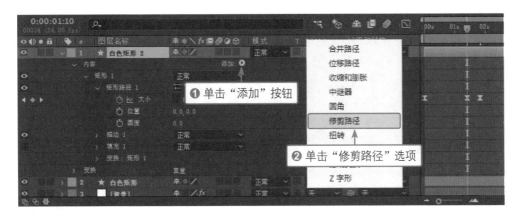

步骤 04 创建第一个修剪路径关键帧。在"矩形路径 1"属性组下方显示添加的"修剪路径 1"属性组，展开该属性组，将当前时间指示器拖动到 0:00:01:20 位置，设置"结束"值为 25%，单击"偏移"属性前的秒表图标，启用关键帧，设置"偏移"值为 +45°，如下图所示。

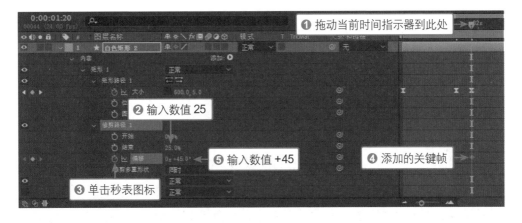

步骤 05 调整图形大小，添加第二个修剪路径关键帧。将当前时间指示器拖动到 0:00:03:00 位置，将"大小"属性更改为 450×450，单击"偏移"属性左侧的"在当前时间添加或移除关键帧"按钮，在当前位置添加第二个修剪路径关键帧，如下页图所示。

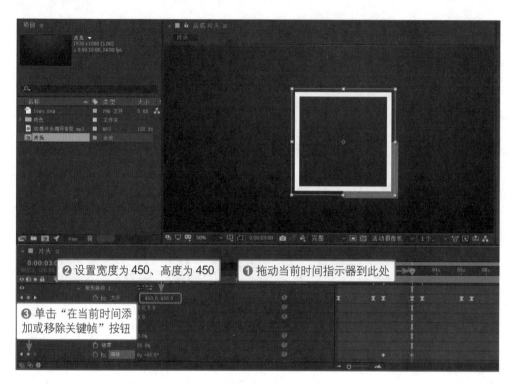

步骤 06 调整图形大小，添加第三个修剪路径关键帧。按 U 键，调出所有可见关键帧，将当前时间指示器拖动到下一关键帧位置 0:00:03:10，将"大小"属性也更改为 450×450，再单击"偏移"属性左侧的"在当前时间添加或移除关键帧"按钮，在当前位置添加一个关键帧，如下图所示。

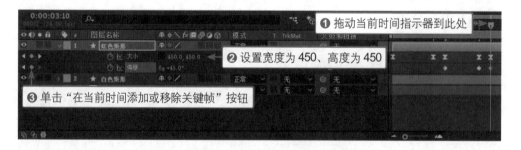

步骤 07 调整图形大小和偏移值，添加第四个修剪路径关键帧。将当前时间指示器拖动到 0:00:05:00 位置，将"大小"属性更改为 750×350；将红色矩形移动到白色矩形的外侧，将鼠标指针置于"偏移"属性上，按住鼠标左键并向右拖动，将"偏移"属性设为 +162°，如下页图所示。

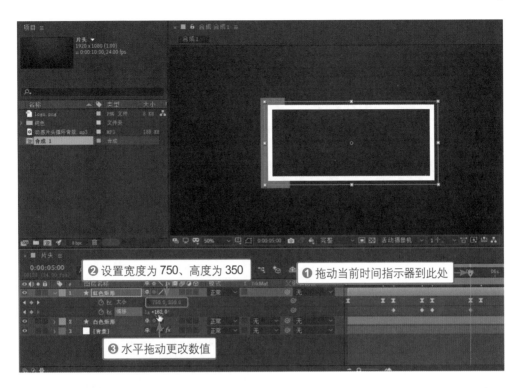

步骤 08 更改大小，继续添加修剪路径关键帧。单击"大小"属性左侧的"转到下一个关键帧"按钮，转到下一个关键帧位置，选中关键帧，将"大小"属性更改为 750×350，单击"偏移"属性左侧的"在当前时间添加或移除关键帧"按钮，在 0:00:05:10 位置添加修剪路径关键帧，如下图所示。

步骤 09 添加更多修剪路径关键帧。继续使用相同的方法，调整图形大小，然后分别在 0:00:07:00、0:00:07:10、0:00:09:00 位置添加修剪路径关键帧，如右图所示。

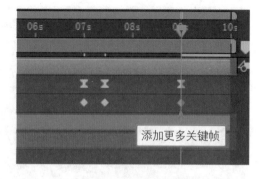

步骤 10 为关键帧设置缓动效果。用"选择工具"选中所有为"偏移"属性设置的关键帧，右击选中的关键帧，在弹出的快捷菜单中执行"关键帧辅助 > 缓动"命令，如下左图所示；单击"图表编辑器"按钮，打开"图表编辑器"，然后拖动缓动曲线的控制手柄，调整运动的速度，如下右图所示。

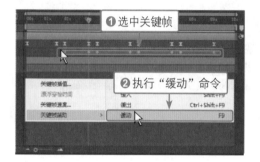

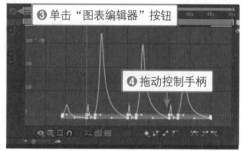

步骤 11 添加关键帧，更改图形大小。将当前时间指示器拖动到 0:00:09:15 位置，将"大小"属性更改为 250×250，添加一个大小关键帧，将红色矩形移动到白色矩形中间，再将图层名更改为"红色矩形"，如下图所示。

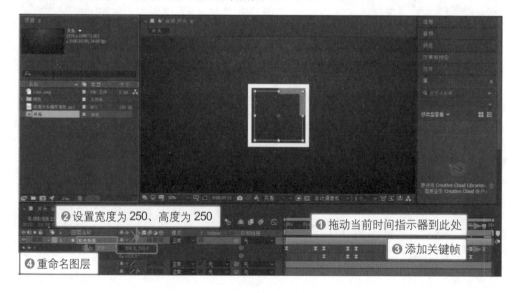

步骤12 **复制图层，设置旋转效果。** 选中"红色矩形"图层，按快捷键 Ctrl+D，复制图层，得到"红色矩形 2"图层，按 R 键，调出"旋转"属性，将旋转角度设为 180°，如下左图所示；将复制的红色图形移动到白色矩形的左下角，如下右图所示。

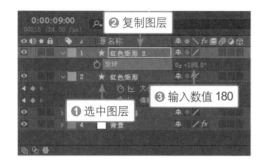
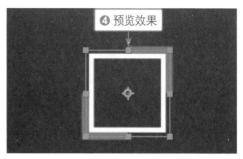

步骤13 **再次复制图形，调整属性。** 选中"红色矩形"和"红色矩形 2"图层，按快捷键 Ctrl+D，复制图层，分别更改图层名为"线条"和"线条 2"，把这两个图层移动到最上层，设置描边颜色为白色、"描边宽度"为 4，按 U 键，调出"线条"和"线条 2"图层中所有可见关键帧，选中最后两个关键帧，按 Delete 键删除关键帧，完成图形动画的制作，如下图所示。

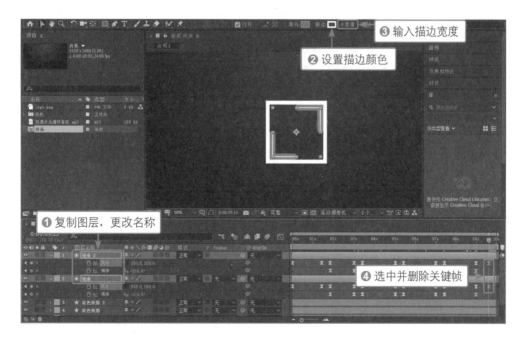

8.5 文字的应用

在信息传播中，文字起着与图形不同的作用。在片头中添加文字，可以更鲜明地表达片头的中心思想，强调主要信息。使用 After Effects 的文字编辑功能可以根据需要为片头添加文字。

8.5.1 输入片头文字

使用"工具"面板中的"横排文字工具"或"直排文字工具"可在合成中添加文字。前者用于添加水平方向排列的文字，后者用于添加垂直方向排列的文字。添加文字后，在"时间轴"面板中会得到一个对应的文字图层。

单击"工具"面板中的"横排文字工具"按钮，将鼠标指针移到"合成"面板中，此时鼠标指针变为Ｉ形，单击并输入文字，输入完毕后按 Enter 键，如下图所示，然后关闭文字编辑模式。

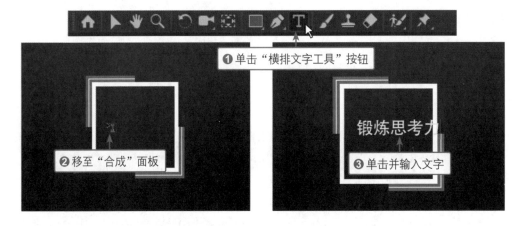

8.5.2 设置文字的属性

不同字体和大小的文字所呈现出的视觉效果是不一样的。输入文字后，为了让文字在整个画面中看起来更协调，通常需要调整文字的字体、大小、间距、对齐方式等属性。

步骤 01 设置字体和字体大小。用"选择工具"选中文字，在"字符"面板中设置字体为"方正超粗黑简体"，设置字体大小为 59，如右图所示。

步骤 02 设置字符间距。设置所选文字的字符间距为 150，如下左图所示；在"合成"面板中查看设置效果，如下右图所示。

步骤 03 对齐文字。单击"对齐"面板中的"水平对齐"按钮，让文字在画面中水平居中对齐，如下左图所示；再单击"垂直对齐"按钮，让文字在画面中垂直居中对齐，如下右图所示，将文字移到合成的中心位置。

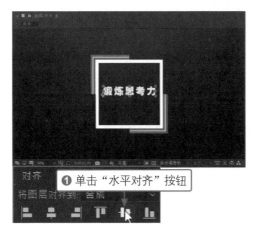

8.5.3 用遮罩创建动态文字

为了得到更生动、有趣的画面效果，还可以让文字动起来。相对于静态文字，动态文字更能增强片头的观赏性。

下面用遮罩的方式创建动态文字：先在文字图层中添加关键帧，将文字移到图形的上方和下方，然后通过创建轨道遮罩，让文字在移动到图形内部时显示出来。

步骤 01 将锚点移动到文字中心。单击"工具"面板中的"向后平移（锚点）工具"按钮，勾选"对齐"复选框，拖动锚点，将锚点移动到文字的中心，如下图所示。

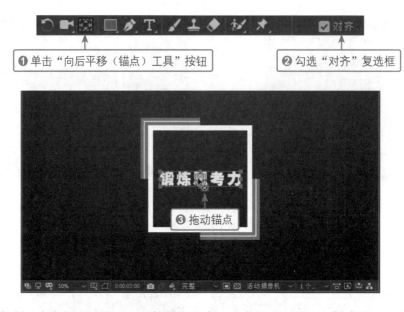

步骤 02 复制"白色矩形"图层，调整图层顺序。选中"时间轴"面板中的"白色矩形"图层，按快捷键 Ctrl+D，复制图层，得到"白色矩形 2"图层，将"白色矩形 2"图层移动到"锻炼思考力"文字图层下方，如下图所示。

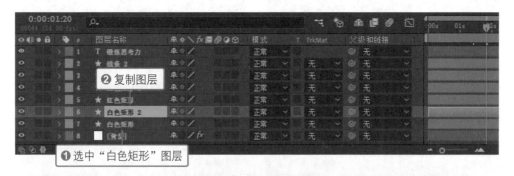

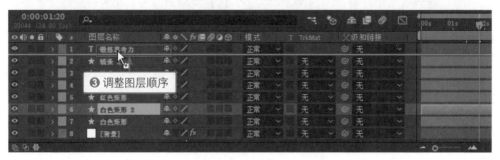

步骤 03 调整图形的填充颜色和描边宽度。单击"工具"面板中的"选择工具"按钮，选中复制的图形，在"工具"面板中将"描边宽度"更改为 0，单击"填充"选项右侧的颜色框，打开"形状填充颜色"对话框，设置填充颜色为 R71、G71、B71，单击"确定"按钮，将图形的填充颜色更改为灰色，如下图所示。

① 单击"选择工具"按钮

③ 单击颜色框　② 输入描边宽度

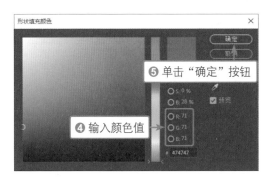

⑤ 单击"确定"按钮

④ 输入颜色值

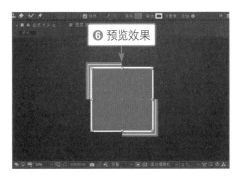

⑥ 预览效果

步骤 04 调出"位置"属性，启用关键帧。在"时间轴"面板中选中"锻炼思考力"文字图层，将当前时间指示器拖动到 0:00:03:00 位置，按 P 键，调出"位置"属性，单击"位置"属性前的秒表图标，启用关键帧，如下图所示。

① 拖动当前时间指示器到此处

③ 添加关键帧

② 单击秒表图标

步骤 05 添加关键帧，更改关键帧中的文字位置。将当前时间指示器拖动到 0:00:01:20 位置，将鼠标指针移到"位置"属性右侧的 y 坐标上，此时鼠标指针变为形，向左拖动鼠标，设置 y 坐标为 278，如下页图所示，将文字向上移动一定的距离。

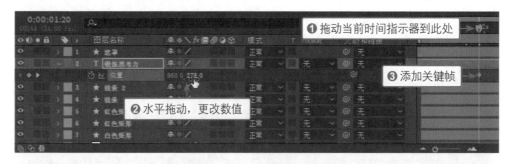

步骤 06 创建轨道遮罩，隐藏文字。选中"锻炼思考力"文字图层，单击 TrkMat 右侧的下拉按钮，在展开的列表中选择"Alpha 遮罩'白色矩形 2'"选项，创建轨道遮罩，单击"白色矩形 2"图层前的眼睛图标，隐藏"白色矩形 2"图层，如下左图所示；可以看到当文字移动到图形之外后将不再显示，如下右图所示。

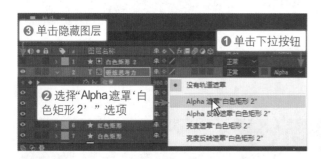

步骤 07 选中图层，裁剪当前时间指示器前面的部分。同时选中"白色矩形 2"和"锻炼思考力"图层，按快捷键 Alt+[，裁剪时间轴上当前时间指示器前面的部分，如下图所示。

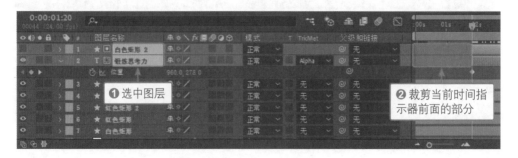

步骤 08 复制、粘贴关键帧。选中位于 0:00:03:00 位置的关键帧，按快捷键 Ctrl+C，复制关键帧，将当前时间指示器拖动到 0:00:03:10 位置，按快捷键 Ctrl+V，如下左图所示；粘贴关键帧，如下右图所示。

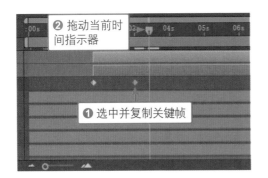 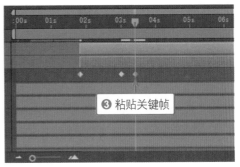

步骤 09 添加关键帧，调整文字位置。在"时间轴"面板中选中"锻炼思考力"文字图层，然后将当前时间指示器拖动到 0:00:04:00 位置，将鼠标指针移动到"位置"属性右侧的 y 坐标上，此时鼠标指针变为形，向右拖动鼠标，设置 y 坐标为 813，将文字向下移动一定的距离，如下图所示。

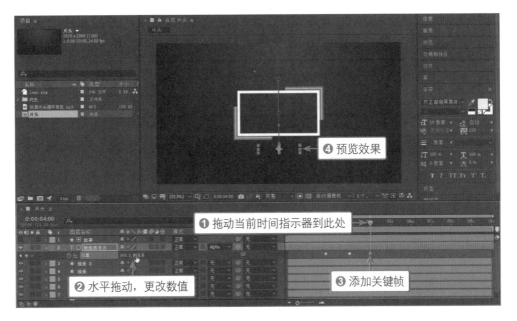

步骤 10 选中图层，裁剪当前时间指示器后面的部分。将"白色矩形"图层名更改为"遮罩"，同时选中"遮罩"和"锻炼思考力"图层，按快捷键 Alt+]，裁剪时间轴上当前时间指示器后面的部分，如下页图所示。

步骤 11 设置缓动关键帧。用"选择工具"在时间轴中拖动，选中在"锻炼思考力"图层上设置的所有关键帧，执行"动画 > 关键帧辅助 > 缓动"命令，将选中的关键帧转换为缓动关键帧，然后单击"图表编辑器"按钮，在打开的"图表编辑器"中拖动控制手柄，调整缓动曲线，如下图所示。至此，完成第一组文字的设置。

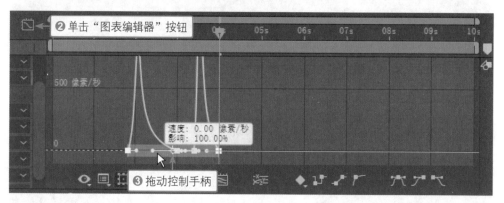

步骤 12 输入更多文字。选择"横排文字工具"，在"合成"面板中输入文字"培养学习力"，在"时间轴"面板中得到对应的文字图层，如下左图所示；再输入文字"零基础轻松学 Python 青少年趣味编程"，在"时间轴"面板中得到对应图层，如下右图所示。

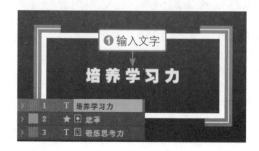

步骤 13 复制遮罩图层，创建遮罩效果。选中"遮罩"图层，按两次快捷键 Ctrl+D，复制两个图层，将复制的图层分别移动到两个文字图层的上方，在 TrkMat 下拉列表中选择 Alpha 遮罩，如下图所示。

步骤 14 添加徽标和背景音乐。使用相同的方法，添加关键帧，移动文字位置，创建动画效果，再将"项目"面板中的徽标素材拖动到"时间轴"面板，创建遮罩效果，然后将"项目"面板中的音频素材"动感片头循环音效.mp3"添加到"时间轴"面板，作为片头的背景音乐，在"合成"面板中预览最终效果，如下图所示。

第9章

合成与输出短视频

前面几章讲解了视频主体内容和片头的制作，本章会将制作好的片头和视频主体内容拼接起来，合成一个完整的短视频作品，并将制作好的作品上传到短视频平台。

9.1　了解主流视频格式

在输出短视频作品之前，先要了解主流的视频格式，如 MPEG-4、AVI、MOV、WMV 等，并且清楚这些格式的优缺点，这样才能在输出作品时根据需求选择合适的视频格式。

◆ **MPEG-4**。MPEG-4 就是人们常说的 MP4，它是一种广泛应用于互联网和存储媒介的运动图像压缩标准。与 MPEG-2 相比，MP4 提供更好的图像质量，并利用 DivX 和 XviD 压缩技术来获得更小的文件。目前大多数短视频平台都支持 MP4 格式的视频。

◆ **AVI**。AVI 的英文全称为 Audio Video Interleaved，是人们非常熟悉的一种视频格式。AVI 格式的优点是图像质量好，可以跨多个平台使用，其缺点是文件体积较大，并且常会因视频编码配置错误导致不能播放，不能调节播放进度，播放时只有声音、没有图像等问题。因此，除非对视频质量要求较高，否则不建议在输出视频时使用 AVI 格式。

◆ **MOV**。MOV 即 QuickTime 影片格式，它是 Apple 公司开发的一种音频、视频文件格式。MOV 格式具有跨平台、占用存储空间小等特点，并且支持众多的多媒体编辑及视频处理软件。无论是用于本地播放还是用于网络流式播放，MOV 都是一种优良的视频格式。

◆ **WMV**。WMV 的英文全称为 Windows Media Video，是微软公司推出的视频格式，它采用独立编码方式，并且支持网络实时观看。WMV 格式的主要优点有支持本地或网络回放、支持可伸缩的媒体类型、支持多语言等。

◆ **RMVB**。RMVB 是由 RM 格式升级而来的视频格式。RMVB 格式的优点是抛弃了平均码率，采用了 VBR（Variable Bit Rate，动态码率）技术，从而在可接受的文件大小上获得了更高的视频质量。

9.2　用After Effects渲染片头

用 After Effects 制作好片头后，虽然可以将片头直接导出为 Premiere Pro 项目并在 Premiere Pro 中进行编辑，但是在 After Effects 中设置的效果会丢失。因此，建议先在 After Effects 中将片头渲染成视频，再在 Premiere Pro 中导入，合成到短视频作品中。

9.2.1　保存制作的片头项目文件

在将制作好的片头渲染成视频前，先使用"保存"或"另存为"命令将片头保存为 After Effects 项目文件。下面以"另存为"命令为例进行讲解。

> **素材**　实例文件\09\源文件\片头.aep

执行"文件 > 另存为 > 另存为"命令（或按快捷键 Ctrl+Shift+S），如下左图所示；打开"另存为"对话框，在对话框中选择项目文件的存储位置，然后输入文件名（也可使用默认文件名），单击"保存"按钮，即可将项目文件保存到选定的文件夹中，如下右图所示。

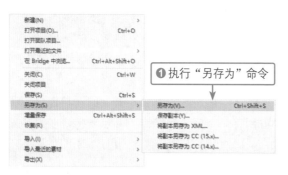

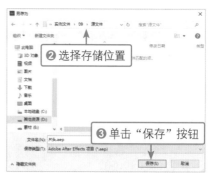

9.2.2　使用"渲染队列"面板渲染合成

保存好项目文件后，就可以开始进行视频渲染。渲染操作主要使用"渲染队列"面板来完成。如果当前项目中有多个合成，那么可以将这些合成都添加到"渲染队列"面板进行批量渲染，无须手动逐个操作。

步骤 01 将合成添加到"渲染队列"面板。在"项目"面板中选中要渲染的合成，如下左图所示；然后执行"文件 > 导出 > 添加到渲染队列"命令，如下右图所示；也可以执行"合成 > 添加到渲染队列"命令。

步骤 02 **查看渲染设置。** 打开"渲染队列"面板，在"渲染设置"选项组中可以看到当前渲染设置为默认的"最佳设置"，即以最好的品质渲染合成。一般无须更改，直接单击"输出模块"右侧的"无损"，如下图所示。

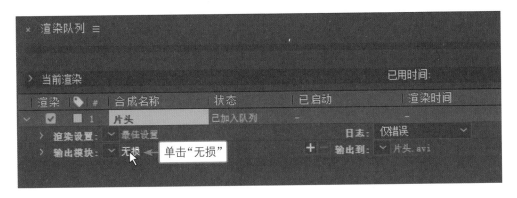

步骤 03 **选择格式，设置输出通道。** 打开"输出模块设置"对话框，默认渲染格式为 AVI，此格式包含的信息较多，渲染输出的文件比较大，不建议使用。单击"格式"下拉列表框的下拉按钮，在展开的列表中选择"QuickTime"选项，将文件渲染为 MOV 格式，如下左图所示；单击"通道"下拉列表框的下拉按钮，因为片头中应用了 Alpha 轨道遮罩，所以在展开的列表中选择"RGB+Alpha"选项，保留 Alpha 通道透明区域，如下右图所示。设置完成后，单击"确定"按钮。

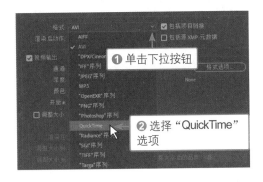

步骤 04 **指定存储位置。** 返回"渲染队列"面板，单击"输出到"右侧的文本，如下图所示；打开"将影片输出到："对话框，在对话框中选择渲染文件的存储位置，然后单击"保存"按钮，如右图所示。

步骤05 **单击"渲染"按钮,渲染文件。** 返回"渲染队列"面板,单击面板右侧的"渲染"按钮,如下左图所示;开始渲染合成,渲染完成后,在指定的文件夹中会生成一个指定格式的视频文件,如下右图所示。

技巧：渲染特定区域

如果只需渲染片头中某个区域的内容,那么可以单击"合成"面板下方的"目标区域"按钮,在"合成"面板中的视频画面上按住鼠标左键并拖动,选择要渲染的区域,如下左图所示;然后在"输出模块设置"对话框中勾选"裁剪"复选框,再勾选"使用目标区域"复选框,如下右图所示。这样在渲染时就会只渲染指定区域的内容。

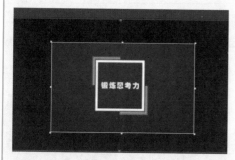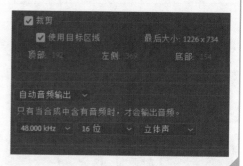

9.2.3　输出高质量体积小的视频

短视频大多只有几十秒的时间,并且很多短视频平台对视频大小也有一定的限制,因此,为短视频制作的片头也不能太大。但是,通过"渲染队列"渲染输出的视频文件,一个只有 10 秒的片头也有 100 MB。为了得到体积更小的片头视频,可以将制作好的合成导入 Adobe Media Encoder 队列,以 H.264 编码方式进行输出。

步骤01 **将合成添加到 Adobe Media Encoder 队列。** 选中要渲染的合成,执行"文件 > 导出 > 添加到 Adobe Media Encoder 队列"或"合成 > 添加到 Adobe Media Encoder 队列"命令,如下页左图所示;随后会启动 Adobe Media Encoder 软件,并将选中的合成添加到"队列"面板,在面板中单击合成,如下页右图所示。

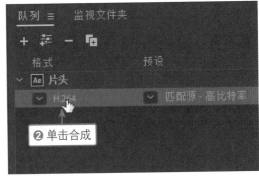

步骤 02 设置输出文件的位置和名称。打开"导出设置"对话框,在对话框中可以看到已将 H.264 作为默认的输出格式,因此只需单击"输出名称"右侧的文件名,如下左图所示;打开"另存为"对话框,在对话框中指定输出视频的存储位置和文件名,单击"保存"按钮,如下右图所示。

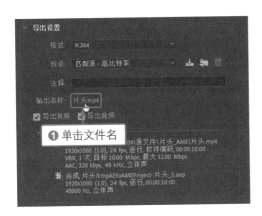

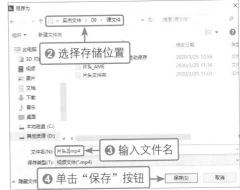

步骤 03 启动队列,输出视频。返回"导出设置"对话框,在对话框中可以看到预估文件大小为 12 MB,比通过 After Effects 的"渲染队列"面板渲染出来的文件要小很多,单击"确定"按钮,如下左图所示;返回 Adobe Media Encoder 的"队列"面板,单击右上角的"启动队列"按钮,如下右图所示,开始渲染文件。

9.2.4　整理收集片头素材

在 After Effects 中制作项目用到的素材文件可能放置在多个不同的文件夹中，保存项目文件后，如果素材文件的存储位置发生了变化，那么再次打开项目文件时就会出现素材文件缺失的问题。因此，完成片头的制作后，可以应用"整理工程"功能，将项目涉及的素材文件及项目文件收集整理到指定的文件夹，以便更好地进行管理。

执行"文件 > 整理工程（文件）> 收集文件"命令，打开"收集文件"对话框，单击对话框下方的"收集"按钮，如下左图所示；在打开的"将文件收集到文件夹中"对话框中选择文件存储位置，单击"保存"按钮，如下右图所示，即可开始收集文件。

 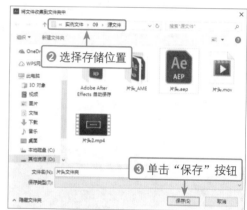

9.3 用Premiere Pro合成完整作品

用 After Effects 渲染好片头后，就可以在 Premiere Pro 中将片头与编辑好的视频主体内容拼接起来，得到一个完整的短视频作品。

9.3.1　打开项目并导入片头

要组合片头和视频主体内容，需要先在 Premiere Pro 中打开视频主体内容的项目文件，然后把渲染好的片头文件添加到这个项目中。

素材　实例文件\09\素材\零基础轻松学Python青少年趣味编程.prproj、片头2.mp4

步骤 01 打开视频主体内容项目文件。 启动 Premiere Pro 软件，执行"文件 > 打开项目"命令，打开"打开项目"对话框，在对话框中选中要打开的 Premiere Pro 项目文件，单击"打开"按钮，如下页左图所示；打开选中的项目，如下页右图所示。

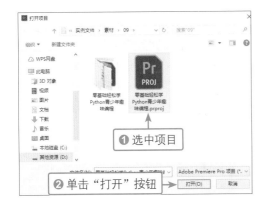
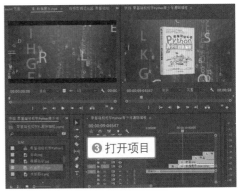

步骤 02 导入片头文件。执行"文件 > 导入"命令，打开"导入"对话框，在对话框中选中需要使用的片头文件，单击"打开"按钮，如下左图所示；将片头文件导入到"项目"面板中，如下右图所示。

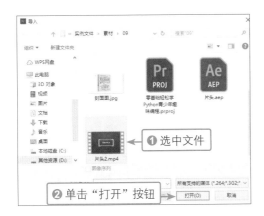
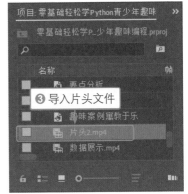

9.3.2 整合片头和视频内容

通常在制作短视频前会考虑是否要添加片头。如果要添加片头，那么就会在时间轴上预留放片头的位置；如果没有预留位置，那么可以在添加片头时进行调整。

步骤 01 在"源"面板中打开片头。在"项目"面板中双击导入的"片头 2"素材，如右图所示，将其在"源"面板中打开。

步骤 02 拖动视频部分到"时间轴"面板。因为已经在视频主体内容中加入了音频，所以这里只需使用片头的视频部分。将鼠标指针移到"源"面板下方的"仅拖动视频"按钮上，如右图所示；因为片头的持续时间较长，为了避免改变 V1、V2 视频轨道中设置好的动画关键帧，先将视频部分拖动到"时间轴"面板的 V3 轨道中，如下图所示。

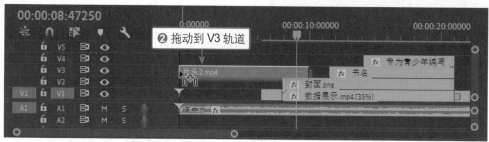

步骤 03 执行"速度／持续时间"命令。在"时间轴"面板中选中添加的"片头 2"视频素材，右击该素材，在弹出的快捷菜单中执行"速度／持续时间"命令，如下图所示。

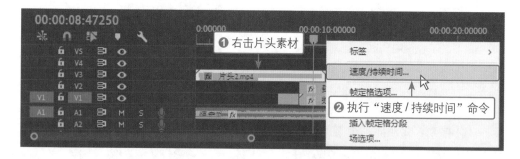

步骤 04 更改视频的播放速度。打开"剪辑速度／持续时间"对话框，在对话框中将"速度"设为 150%，加快片头的播放速度，以缩短片头的持续时间，然后单击"确定"按钮，如右图所示。

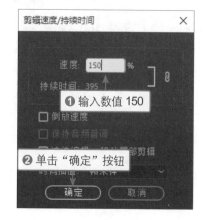

步骤 05 调整片头位置。在"时间轴"面板中向下拖动"片头 2"视频素材,如下左图所示;释放鼠标,将"片头 2"视频素材移动到 V1 视频轨道中,如下右图所示。

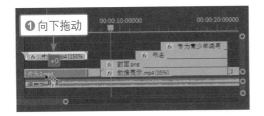
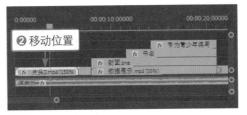

9.3.3 设置视频导出参数

在 Premiere Pro 中完成片头与视频主体内容的拼接操作后,还需要将整个作品导出为各短视频平台支持的视频格式。在导出时,可以在"导出设置"对话框中设置导出视频的格式、名称等参数。

步骤 01 选中序列,执行"导出 > 媒体"命令。在"时间轴"面板中选中序列,如下左图所示;执行"文件 > 导出 > 媒体"命令,如下右图所示,打开"导出设置"对话框。

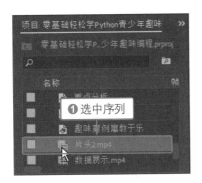
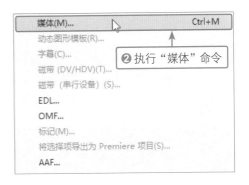

步骤 02 选择导出范围和导出格式。在"导出设置"对话框中指定导出范围,这里要导出整个序列,因此单击"源范围"下拉列表框的下拉按钮,在展开的列表中选择"整个序列"选项,如下左图所示;然后单击"格式"下拉列表框的下拉按钮,在展开的列表中选择 H.264 格式,如下右图所示。

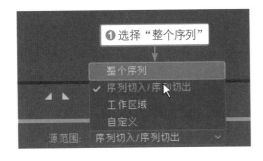
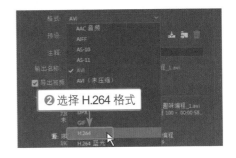

步骤 03 选择预设的导出格式。在"导出设置"对话框中显示预估文件大小为 72 MB，如下左图所示；为了获得更小的视频文件，单击"预设"下拉列表框的下拉按钮，在展开的列表中选择"匹配源 - 中等比特率"选项，如下右图所示。

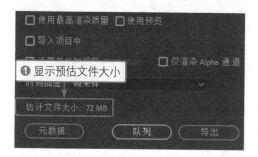

步骤 04 查看预估文件大小。设置后在对话框中可以看到文件大小由原来的 72 MB 变为 22 MB，如右图所示。

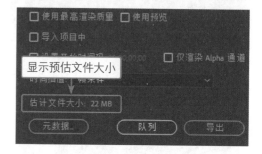

步骤 05 设置导出视频的名称和存储位置。单击"输出名称"右侧的文件名，如下左图所示；打开"另存为"对话框，设置导出文件的存储位置，输入导出文件名，单击"保存"按钮，如下右图所示。

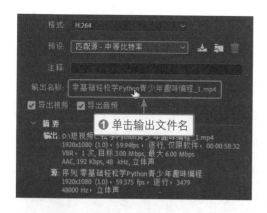
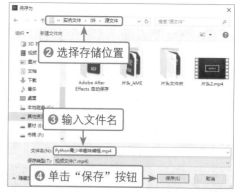

步骤 06 单击"导出"按钮，导出视频。返回"导出设置"对话框，单击对话框右下角的"导出"按钮，如下页左图所示；随后 Premiere Pro 就会开始导出视频并存放到指定的文件夹中，如下页右图所示。

9.4 上传短视频

导出完整的短视频作品后，就可以将得到的视频文件上传到短视频平台，让更多人看到。

9.4.1 主流短视频平台

目前主流的短视频平台有很多，如抖音、快手、秒拍、美拍、西瓜视频等。下表对这些平台做了简单介绍。

平台	定位	口号	主要特点
抖音	音乐短视频社区	记录美好生活	内容比较新潮，主要靠听觉、视觉和情绪来吸引用户
快手	UGC 类短视频直播平台	记录世界，记录你	内容更趋向于平民化，主要靠趣味、搞笑来吸引用户
西瓜视频	个性化推荐的短视频平台	给你新鲜好看	通过人工智能算法为用户推荐精准的短视频内容
秒拍	优质短视频分享平台	秒拍，10 秒拍大片	基于新浪微博的社交关系，依靠明星效应，直触年轻用户兴趣点
美拍	泛知识短视频社区	我的热爱，都在美拍	主要聚焦于用户的垂直兴趣，有一定的专业门槛，粉丝黏性强

续表

平台	定位	口号	主要特点
微视	年轻人的潮流分享社区	发现更有趣	可通过 QQ、微信账号将短视频同步分享到 QQ 空间、微信朋友圈等
梨视频	做最好看的资讯短视频	最新鲜的资讯	专注于为年轻一代提供适合移动终端观看和分享的短视频产品

9.4.2　短视频平台的上传规则

　　了解完主流的短视频平台，下面再来了解这些平台对于拍摄或上传视频的要求，如下表所示。

平台	时长	视频大小	分辨率	视频格式
快手	PC 端：10 分钟以内 手机端：不超过 57 秒	不超过 4 GB	720p（1280×720）及以上	推荐 MP4 格式，也支持 MOV、WebM 等格式
抖音	PC 端：5 分钟以内 手机端：不超过 60 秒	不超过 4 GB	720p（1280×720）及以上	推荐 MP4、WebM 格式，也支持常用视频格式
微视	不低于 10 秒，不超过 1 分钟	不超过 200 MB	不低于 540×960	支持 MP4、WMV、3GP 和 FLV 格式
西瓜视频	无明确要求	不超过 8 GB	1080p（1920×1080）及以上	支持 AVI、MOV、MP4、WMV、MKV、RMVB 等主流视频格式
秒拍	不超过 15 分钟	不超过 4 GB	不高于 1080p（1920×1080）	

续表

平台	时长	视频大小	分辨率	视频格式
美拍	不超过 5 分钟	不超过 500 MB	不高于 1080p（1920×1080）	支持 AVI、MOV、MP4、WMV、MKV、RMVB 等主流视频格式
梨视频	无明确要求，建议 10 分钟以内	无明确要求	不高于 1080p（1920×1080）	

9.4.3 上传制作好的视频

不同的短视频平台的上传界面存在一定的区别，但操作方式是类似的。下面分别以抖音和淘宝为例，介绍如何通过手机端和 PC 端上传短视频。

① 通过手机端上传视频

在抖音的手机 App 中，既可以直接拍摄短视频并上传，也可以通过"上传"功能上传手机中保存的视频文件。

步骤 01 点击"上传"按钮。在手机上找到安装的"抖音短视频"App，点击 App 图标，如下左图所示；打开抖音短视频，首先点击首页中的"+"按钮，如下中图所示；在弹出的界面中点击屏幕右下角的"上传"按钮，如下右图所示。

步骤 02 选择视频，跳过编辑步骤。在弹出的界面中选择要上传的本地视频文件，如下左图所示；返回后可以对视频进行编辑，因为视频已经在计算机中使用视频编辑软件处理好，所以这里依次点击"下一步"按钮，跳过编辑步骤，如下中图和下右图所示。

步骤 03 输入标题，发布作品。进入"发布"界面，在界面上方输入作品的标题，若要立即发布作品，点击界面下方的"发布"按钮，如下左图所示；作品发布完毕后会显示在首页中，如下右图所示。

② 通过 PC 端上传视频

目前，淘宝、京东等传统电商平台都纷纷增加了短视频这一宣传方式，所以用户还可以将短视频上传到这些平台上进行展示。下面以淘宝为例，讲解如何通过 PC 端上传短视频。

步骤 01 **进入卖家自运营中心**。在计算机上启动网页浏览器，打开淘宝首页，登录自己的淘宝账号。单击页面顶部的"千牛卖家中心"，如下左图所示；跳转到卖家中心后，单击左侧的"自运营中心"，在弹出的列表中单击"商家短视频"，如下右图所示。

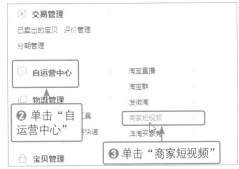

步骤 02 **发布新视频**。进入商家视频中心后，单击"视频发布管理"，如下左图所示；进入短视频发布页面，单击右侧的"发布新视频"按钮，如下右图所示。

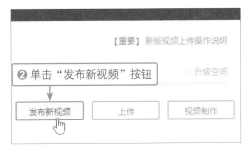

步骤 03 **跳过类型选择，直接上传视频**。在打开的页面中可以选择要发布的视频的类型，这里单击"跳过类型选择，直接发布"按钮，如下图所示；在弹出的页面中单击"上传视频"按钮，如右图所示。

步骤 04 选择要上传的视频。弹出"打开"对话框，在对话框中选择要发布的视频文件，单击"打开"按钮，如下左图所示；返回视频上传页面，显示上传进度，如下右图所示。

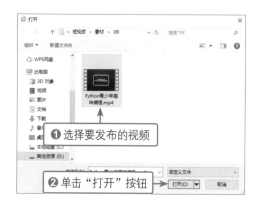 

步骤 05 预览和发布视频。视频上传完毕后，在页面中会显示上传的视频，可以单击"播放"按钮预览效果，如右图所示；确认无误后单击右下角的"下一步，去发布"按钮，如下图所示。

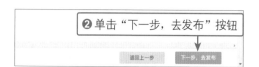

步骤 06 输入视频标题并上传视频封面。在"标题"选项下输入视频标题"Python 青少年趣味编程"，然后单击下方的"添加上传图片"，如下左图所示；打开"添加图片"对话框，在对话框中单击"上传新图片"标签，在展开的选项卡中单击中间的"+"图标，如下右图所示。

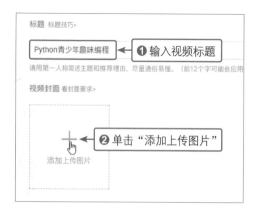 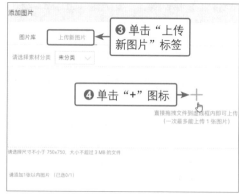

步骤07 选择图片并上传。打开"打开"对话框，在对话框中选择要设置为视频封面的图片，单击"打开"按钮，如右图所示。返回"添加图片"对话框，单击"确定"按钮。

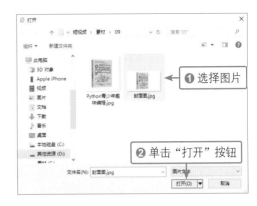

步骤08 添加 1:1 的封面图片。打开"添加图片"对话框，这里不需要再对图片进行裁剪，直接单击"确定"按钮，如下图所示，完成视频同比例封面图片的上传。再次单击下方的"添加上传图片"，如右图所示。

步骤09 选择要添加的封面图片。打开"添加图片"对话框，单击"上传新图片"标签，在展开的选项卡中单击中间的"+"图标，如下左图所示；打开"打开"对话框，在对话框中选择作为 1:1 封面的图片，单击"打开"按钮，如下右图所示。

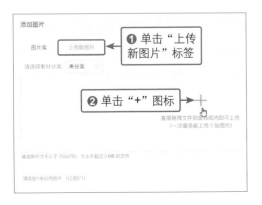

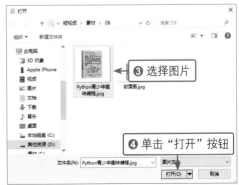

步骤 10 裁剪图片，发布视频。返回"添
加图片"对话框，拖动裁剪框裁剪图片，
然后单击"确定"按钮，如右图所示；最
后单击页面下方的"发布"按钮，如下图
所示，发布视频。